教育部人文社会科学重点研究基地
山西大学"科学技术哲学研究中心"基金
山西省优势重点学科基金
资 助

山西大学
认知哲学丛书
魏屹东 主编

认知动力主义的哲学问题研究

袁 莹 / 著

科学出版社
北 京

图书在版编目（CIP）数据

认知动力主义的哲学问题研究/袁鎏著. —北京：科学出版社，2016
（认知哲学丛书/魏屹东主编）
ISBN 978-7-03-048795-7

Ⅰ. ①认… Ⅱ. ①袁… Ⅲ. ①认知科学-研究 Ⅳ. ① B842.1

中国版本图书馆 CIP 数据核字（2016）第 131894 号

丛书策划：侯俊琳　牛　玲
责任编辑：侯俊琳　田慧莹　刘巧巧/责任校对：郭瑞芝
责任印制：赵　博/封面设计：无极书装

联系电话：010-64035853
电子邮箱：houjunlin@mail.sciencep.com

科学出版社 出版
北京东黄城根北街 16 号
邮政编码：100717
http://www.sciencep.com
北京科印技术咨询服务有限公司数码印刷分部印刷
科学出版社发行　各地新华书店经销

*

2016 年 7 月第　一　版　开本：720×1000 1/16
2025 年 4 月第五次印刷　印张：12
字数：221 000

定价：60.00 元
（如有印装质量问题，我社负责调换）

丛书序

21世纪以来，在世界范围内兴起了一个新的哲学研究领域——认知哲学（philosophy of cognition）。认知哲学立足于哲学反思认知现象，既不是认知科学，也不是认知科学哲学、心理学哲学、心灵哲学、语言哲学和人工智能哲学的简单加合，而是在梳理、分析和整合各种以认知为研究对象的学科的基础上，立足于哲学（如语境实在论）反思、审视和探究认知的各种哲学问题的研究领域。认知哲学不是直接与认知现象发生联系，而是通过以认知现象为研究对象的各个学科与之发生联系。也就是说，它以认知概念为研究对象，如同科学哲学是以科学为对象而不是以自然为对象，因此它是一种"元研究"。

在这种意义上，认知哲学既要吸收各个相关学科的理论成果，又要有自己独特的研究域；既要分析与整合，又要解构与建构。它是一门旨在对认知这种极其复杂的心理与智能现象进行多学科、多视角、多维度整合研究的新兴研究领域。认知哲学的审视范围包括认知科学（认知心理学、计算机科学、脑科学）、人工智能、心灵哲学、认知逻辑、认知语言学、认知现象学、认知神经心理学、进化心理学、认知动力学、认知生态学等涉及认知现象的各个学科中的哲学问题，它涵盖和融合了自然科学和人文科学的不同分支学科。

认知哲学之所以是一个整合性的元哲学研究领域，主要基于以下理由：

第一，认知现象的复杂性，决定了认知哲学研究的整合性。认知现象既是复杂的心理与精神现象，同时也是复杂的社会与文化现象。这种复杂性特点必然要求认知科学是一门交叉性和综合性的学科。认知科学一般由三个核心分支学科（认知心理学、计算机科学、脑科学）和三个外围学科（哲学、人类学、语言学）构成。这些学科不仅构成了认知科学的内容，也形成了研究认知现象的不同进路。系统科学和动力学介入对认知现象的研究，如认知的动力论、感知的控制论和认知的复杂性研究，极大地推动了认知科学的发展。同时，不同学科之间也相互交融，形成新的探索认知现象的学科，如心理学与进化生物学交叉产生的进化心理学，认知科学与生态学结合形成的认知生态学，神经科学与认知心理学结合产生的认知神经心理学，认知科学与语言学交叉形成的认知语义学、认知语用学和认知词典学。这些新学科的产生增加了探讨认知现象的新进路，也说明对认知现象本质的揭示需要多学科的整合。

第二，认知现象的根源性，决定了认知哲学研究的历史性。认知哲学之所以能够产生，是因为认知现象不仅是心理学和脑科学研究的领域，也历来是哲学家们关注的焦点。这里我粗略地勾勒出一些哲学家的认知思想——奥卡姆（Ockham）的心理语言、莱布尼茨（G.W. Leibniz）的心理共鸣、笛卡儿（R. Descartes）的心智表征、休谟（D. Hume）的联想原则（相似、接近和因果关系）、康德（I. Kant）的概念发展、弗雷格（F. Frege）的思想与语言同构假定、塞尔（J. R. Searle）的中文屋假设、普特南（Hilary W. Putnam）的缸中之脑假设等。这些认知思想涉及信念形成、概念获得、心理表征、意向性、感受性、心身问题，这些问题与认知科学的基本问题（如智能的本质、计算表征的实质、智能机的意识化、常识知识问题等）密切相关，为认知科学基本问题的解决奠定了深厚的思想基础。可以肯定，这些认知思想是我们探讨认知现象的本质时不可或缺的思想宝库。

第三，认知科学的科学性和人文性，决定了认知哲学研究的融合性。认知科学本身很像哲学，事实上，认知科学的交叉性与综合性已经引发了科学哲学的"认知转向"，这在一定程度上从认知层次促进了自然科学与人文科学、科学主义与人文主义的融合。我认为，在认知层面，科学和人文是统一的，因为科学知识和人文知识都是人类认知的结果，认知就像树的躯干，科学和人文就像树的分枝。例如，对认知的运作机制及规律、表征方式、认知连贯性和推理模型的研究，势必涉及逻辑分析、语境分析、语言分析、认知历史分析、文化分析、心理分析、行为分析，这些方法的运用对于我们研究心灵与世界的关系将大有益处。

第四，认知现象研究的多学科交叉，决定了认知哲学研究的综合性。虽然认知过程的研究主要是认知心理学的认知发展研究、脑科学的认知生理机制研究、人工智能的计算机模拟，但是科学哲学的科学表征研究、科学知识社会学的"在线"式认知研究、心灵哲学的意识本质、意向性和心脑同一性的研究，也同样值得关注。因为认知心理学侧重心理过程，脑科学侧重生理过程，人工智能侧重机器模拟，而科学哲学侧重理性分析，科学知识社会学侧重社会建构，心灵哲学侧重形而上学思辨。这些不同学科的交叉将有助于认知现象的整体本质的揭示。

第五，认知现象形成的语境基底性，决定了认知哲学研究的元特性以及采取语境实在论立场的必然性。拉考夫（G. Lakoff）和约翰逊（M. Johnson）认为，心灵本质上是具身的，思维大多是无意识的，抽象概念大多是隐喻的。我认为，心理表征大多是非语言的（图像），认知前提大多是假设的，认知操作大多是建模的，认知推理大多是基于模型的，认知理解大多是语境化的。在人的世界中，一切都是语境化的。因此，立足语境实在论研究认知本身的意义、分类、预设、结构、隐喻、假设、模型及其内在关系等问题，就是一种必然选择，事实上，语境实在论在心理学、语言学和生态学中的广泛运用业已形成一种趋势。

需要指出的是，与"认知哲学"极其相似也极易混淆的是"认知的哲学"（cognitive philosophy）。在我看来，"认知的哲学"是关于认知科学领域所有论题的哲学探究，包括意识、行动者和伦理，最近关于思想记忆的论题开始出现，旨在帮助人们通过认知科学之透镜去思考他们的心理状态和他们的存在。在这个意义上，"认知的哲学"其实就是"认知科学哲学"，与"认知哲学"相似但还不相同。我们可以将"cognitive philosophy"译为"认知的哲学"，将"philosophy of cognition"译为"认知哲学"，以便将二者区别开来，就如同"scientific philosophy"（科学的哲学）和"philosophy of science"（科学哲学）有区别一样。"认知的哲学"是以认知（科学）的立场研究哲学，"认知哲学"是以哲学的立场研究认知，二者立场不同，对象不同，但不排除存在交叉和重叠。

如果说认知是人们如何思维，那么认知哲学就是研究人们思维过程中产生的各种哲学问题，具体包括以下十个基本问题。

（1）什么是认知，其预设是什么？认知的本原是什么？认知的分类有哪些？认知的认识论和方法论是什么？认知的统一基底是什么？有无无生命的认知？

（2）认知科学产生之前，哲学家是如何看待认知现象和思维的？他们的看法是合理的吗？认知科学的基本理论与当代心灵哲学范式是冲突的还是融合的？能否建立一个囊括不同学科的、统一的认知理论？

（3）认知是纯粹心理表征还是心智与外部世界相互作用的结果？无身的认知能否实现？或者说，离身的认知是否可能？

（4）认知表征是如何形成的？其本质是什么？有没有无表征的认知？

（5）意识是如何产生的？其本质和形成机制是什么？它是实在的还是非实

在的？有没有无意识的表征？

（6）人工智能机器是否能够像人一样思维？判断的标准是什么？如何在计算理论层次、脑的知识表征层次和计算机层次上联合实现？

（7）认知概念（如思维、注意、记忆、意象）的形成的机制和本质是什么？其哲学预设是什么？它们之间是否存在相互作用？心-身之间、心-脑之间、心-物之间、心-语之间、心-世之间是否存在相互作用？它们相互作用的机制是什么？

（8）语言的形成与认知能力的发展是什么关系？有没有无语言的认知？

（9）知识获得与智能发展是什么关系？知识是否能够促进智能的发展？

（10）人机交互的界面是什么？人机交互实现的机制是什么？仿生脑能否实现？

当然，在认知发展中无疑会有新的问题出现，因此认知哲学的研究域是开放的。

在认知哲学的框架下，本丛书将以上问题具体化为以下论题。

（1）最佳说明的认知推理模式。最佳说明的认知推理研究是科学解释学的一个重要内容，是关于非证明性推理中的一个重要类型，在法学、哲学、社会学、心理学、化学和天文学中都能找到这样的论证。除了在科学中有广泛应用外，最佳说明的认知推理也普遍存在于日常生活中，它已成为信念形成的一种基本方法。探讨这种推理的具体内涵与意义，对人们的观念形成以及理论方面的创新是非常有裨益的。

（2）人工智能的语境范式。在语境论视野下，将表征和计算作为人工智能研究的共同基础，用概念分析方法将表征和计算在人工智能中的含义与其在心灵哲学、认知心理学中的含义相区别，并在人工智能的符号主义、联结主义及行为主义这三个范式的具体语境中厘清这两个核心概念的具体含义及特征，从而使人工智能哲学与心灵哲学区别开来，并基于此建立人工智能的语境范式来说明智能的认知机制。

（3）后期维特根斯坦（L. Wittgenstein）的认知语境论。维特根斯坦作为20世纪的大哲学家，其认知思想非常丰富，且前后期有所不同。对前期维特根斯坦的研究大多侧重于其逻辑原子论，而对其后期的研究则侧重于语言哲学、现象学、美学的分析。从语言哲学、认知科学和科学知识社会学三方面来探讨后期维特根斯坦的认知语境思想，无疑是认知哲学研究的一个重要内容。

（4）智能机的自语境化认知。用语境论研究认知是回答以什么样的形式、基点或核心去重构认知哲学未来走向的一个重大问题。通过构建一个智能机自语境化模型，对心智、思维、行为等认知现象进行说明，表明将智能机自语境化认知作为出发点与落脚点，就是以人的自语境化认知过程为模板，用智能机来验证这种演化过程的一种研究策略。这种行为对行为的验证弥补了以往"操作模拟心灵"的缺陷，为解决物理属性与意识概念的不搭界问题提供了新思路。

（5）意识问题的哲学分析。意识是当今认知科学中的热点问题，也是心灵哲学中的难点问题。以当前意识研究的科学成果为基础，从意识的本质、意识的认知理论及意识研究的方法论三个方面出发，以语境分析方法为核心探讨意识认知现象中的哲学问题，提出了意识认知构架的语境模型，从而说明意识发生的语境发生根源。

（6）思想实验的认知机制。思想实验是科学创新的一个重要方法。什么是思想实验？它们怎样运作？在认知中起什么作用？这些问题需要从哲学上辨明。从理论上理清思想实验在哲学史、科学史与认知科学中的发展，有利于辨明什么是思想实验，什么不是思想实验，以及它们所蕴含的哲学意义和认知机制，从而凸显思想实验在不同领域中的作用。同时，借助思想实验的典型案例和认知科学家对这些思想实验的评论，构建基于思想实验的认知推理模型，这有利于在跨学科的层面上探讨认知语言学、脑科学、认知心理学、人工智能、心灵哲学中思想实验的认知机制。

（7）心智的非机械论。作为认知哲学研究的显学，计算表征主义的确将人类心智的探索带入一个新的境界。然而在机械论观念的束缚下，其"去语境化"和"还原主义"倾向无法得到遏制，因而屡遭质疑。因此，人们自然要追问：什么是更为恰当的心智研究方式？面对如此棘手的问题，从世界观、方法论和核心观念的维度，从"心智、语言和世界"整体认知层面，凸显新旧两种研究进路的分歧和对立，并在非机械论框架中寻求一个整合心智和意义的突破点，无疑具有重大意义。

（8）丹尼特（D. Dennett）的认知自然主义。作为著名的认知哲学家，丹尼特基于自然主义立场对心智和认知问题进行的研究，在认知乃至整个哲学领域都具有重大意义。从心智现象自然化的角度对丹尼特的认知哲学思想进行剖析，弄清丹尼特对意向现象进行自然主义阐释的方法和过程，说明自由意志的自然化是意识自然化和认知能力自然化的关键环节。

（9）意识的现象性质。意识在当代物理世界中的地位是当代认知哲学和心灵哲学中的核心问题。而意识的现象性质又是这一问题的核心，成为当代心灵哲学中物理主义与反物理主义争论的焦点。在这场争论中，物理主义很难坚持纯粹的物理主义一元论，因为物理学只谈论结构关系而不问内在本质。当这两个方面都和现象性质联系在一起时，物理主义和二元论都看到了希望，但作为微观经验的本质如何能构成宏观经验，这又成了双方共同面临的难题。因此，考察现象性质如何导致了这样一系列问题的产生，并分析了意识问题可能的解决方案与出路，就具有重要意义了。

（10）认知动力主义的哲学问题。认知动力主义被认为是认知科学中区别于认知主义和联结主义的、有前途的一个研究范式。追踪认知动力主义的发展动向，通过比较，探讨它对于认知主义和联结主义的批判和超越，进而对表征与非表征问题、认知动力主义的环境与认知边界问题、认知动力主义与心灵因果性问题进行探讨，凸显了动力主义所涉及的复杂性哲学问题，这对于进一步弄清认知的动力机制是一种启示。

本丛书后续的论题还将对思维、记忆、表象、认知范畴、认知表征、认知情感、认知情景等开展研究。相信本丛书能够对认知哲学的发展做出应有的贡献。

魏屹东

2015 年 10 月 13 日

前　言

　　我们身处的世界是一个机械化运作的数学公理系统吗？这个数学公理系统是否有算法可以求解？德高望重的数学家戴维·希尔伯特（David Hilbert）在20世纪之初所提出的23个最重要的数学问题深深吸引着众多杰出的数学家、科学家（上述两个问题分别与其中的第二个问题和第十个问题密切相关）。一个世纪过去了，从生物生长的形态学规律、河流系统的Hack定律到生物体的Kleiber定律，在看似随意、松散、支离破碎的现象背后，一个又一个普适性规律被发现和证实。那么人类的认知过程是否也存在一个支配性的规律呢？

　　图灵（A. M. Turing）的伟大在于开辟了一个通往求解认知算法的路径。虽然图灵测试中对于智能设定的标准过于宽泛，但是图灵机模型所阐发的计算、模拟定义，以及运用图灵机组合解释复杂行为如何产生、运用图灵机模拟解释计算等价性、通用图灵机所蕴含的输入与程序代码间的转换运行……这一切都奠定并推动着人工智能的产生和发展。

　　运用复杂系统的动力学模型解释人类的认知过程与传统的认知科学具有很大的不同，前者强调的是交互，而后者仅仅关注离散的信息表征。运用动力学解释认知，必然涉及传统认知理论所不曾思考的维度，诸如实在的肉身、外部多变的环境、复杂的情绪系统。它们之间的交互作用必然会为认知主体的认知过程、认知结果带来不一样的温度、色彩、质地：认知不再是高高在上的、冰冷的表征，而是与活生生的肉身以及与可视、可闻、可听、可触的物体正面交锋；环境作为认知系统的组成部分，当它从背景的视角切换到图形的视角时，环境和行动者一样被视为可认知的，被赋予认知地位；心身间的因果关系不再像是平面的二维效果图，而更像是立体的三维场景。

　　但是需要注意的是，认知科学领域目前所经历的研究范式的转变，是一种完全背离算法、抛弃算法而重新开疆辟土式的"另立门派"吗？如果当前的具身认知、嵌入认知、交互认知无法提出切实可行的操作路径，那么它们就仅仅停留在隐喻阶段。寻求复杂事物背后的数理化模型是一门学科的制高点。人工智能也不例外，它需要破解大量的变化莫测的认知现象背后的算法。对于复杂的认知现象，图灵机能够对它进行抽象吗？我们可以将我们所处的环境中所做感知的一切视为输入集合；我们的言行、体态、姿势、表情视为输出集合；我们脑中所有可能的神经系统的状态组合视为内部状态；就程序而言，可以分为两个看似矛盾却彼此交替、促进生物体不断演化和发展的方面：一方面是固定的程序，体现为单个神经元传递信息、变换状态的规律是固定的，是可以程序化的，因此脑作为神经元的整体，也必然遵守固定的程序；另一方面，通过通用图灵机化解固定程序会面临的停机问题，如果我们的人脑就是一台通用图灵机，它可以模拟任何一台图灵机的算法，那么它就会超越图灵计算，通过改变固化的程序而实现学习和演化。所以，从这个角度来看，复杂系统的动力学模型仍然是在认知算法的求解道路上寻求方法、建模。

"创造"被德国作家托马斯·曼在其小说《骗子菲利克斯·克鲁尔的忏悔》中描述为三个基本的阶段：第一阶段是从虚无中创造出万物；第二阶段是从无生命的物体中创造出有生命的生物；第三阶段是从有机物中产生意识，即有意识的生物。那么理解也可以相应地被分为三个阶段：第一个阶段是理解物质、宇宙的普适性规律；第二个阶段是理解生物体演化的普适性规律；第三个阶段则是理解认知、意识的普适性规律。而现在，理解的第三个阶段的帷幕正徐徐拉开，我们也终于可以窥见那精彩的表演了。

本书首先对认知科学的重要研究范式的发展线索和内在脉络进行了探索和描述，试图勾勒一幅西方认知科学发展的历史"地图"。从行为主义的势微到认知主义的兴起，从符号的退场到神经的涌现，以及作为第三代研究范式的动力学理论，认知科学一直处于高速发展的阶段。通过总结、归纳、比较这些不同研究范式的基本观念、维度、问题域和方法，挖掘其深层次的哲学基本预设。其次，本书结合动力主义，对传统心智哲学中关于表征、环境、认知边界、心身因果关系等议题进行反思、甚至批判。以环境为例，认知动力系统理论就对传统认知观念中的环境概念以及对环境的研究方法做出了重大修正。环境由认知科学中的一个次要概念晋升为一个主要概念，由静态的、外在于认知系统的概念转变为动态的、认知系统的内在子系统。环境即会表现为离线的表征，又会作为在线的耦合要素进入认知活动之中，它们并不是矛盾的，而是动态地体现了认知发展的不同阶段，并能够相容于认知的动力耦合模型。最后，根据动力主义,从认识论上阐述一种新的观念,即人在认识上的不确定性。

当然,本书尚有诸多不足,在对动力主义进行阐述时,只选取了其中一部分具有代表性的观点,还有一些认知心理学、认知神经科学研究中涉及的动力学问题,由于学科背景知识的缺乏探讨只能点到为止;书中虽然结合环境、表征、延展认知理论对动力系统的耦合机制进行了阐述,探讨了该机制的理论意义,但是具体的论证还略显粗糙,笔者将会在今后的研究中进行检讨和完善。

袁 銮

2016 年 3 月

目　录

丛书序 i
前言 vii

导论 1

第一章　认知动力主义的形成及其蕴含的问题 11
　　第一节　认知主义与联结主义 12
　　第二节　认知动力主义的形成 32
　　第三节　认知动力系统的构成 38
　　第四节　认知动力主义蕴含的问题 49

第二章　认知动力主义的非表征问题 50
　　第一节　认知动力主义的非表征模型 52
　　第二节　表征在心智发展中的证实 58
　　第三节　对认知表征作用的再审视 63

第三章　认知动力主义的环境与认知边界问题 67
　　第一节　认知动力系统中的环境 67

第二节　认知边界的扩展：延展认知假说…………………………76
　　第三节　认知动力系统中的认知边界…………………………………85

第四章　认知动力主义与心灵因果性问题……………………………94
　　第一节　传统心灵因果关系理论………………………………………95
　　第二节　复杂系统的突现与下向因果性………………………………116
　　第三节　认知动力主义的心灵下向因果性……………………………121
　　第四节　功能主义对下向因果性的反驳………………………………131

第五章　基于认知动力主义复杂性的思考……………………………135
　　第一节　认识复杂性的思想渊源………………………………………136
　　第二节　认知复杂性与确定性原则……………………………………144
　　第三节　对人与自然认识关系的启示…………………………………151

结束语……………………………………………………………………160

参考文献…………………………………………………………………162

导论

认知科学以探讨人类认知的本质为己任，旨在研究人类的认知如何产生、如何发展，其内在的运行规律、属性、功能等方面，尤其是人类的意识经验如何产生，又如何在物理世界发挥作用等问题。20世纪80年代以来，经典认知主义因其计算隐喻以及符号表征的计算纲领所暴露的缺陷而受到学界质疑，从此，理解认知本质的大一统局面开始呈现出多样性的发展，许多学者开始逐步脱离计算主义的藩篱，探索一些新的研究路径。一个快速发展的理论是从动力系统观点出发，看待认知和心智的认知动力主义理论。倡导这一理论的代表性人物有埃德尔曼（G. Edelman）、克兰西（W. J. Clancey）、西伦（E. Thelen）、史密斯（L. Smith）、冯·盖尔德（T. van Gelder）、波特（R. F. Prot）、瓦雷拉（F. J. Varela）、凯尔索（J. A. S. Kelso）、克拉克（A. Clark）、布鲁克斯（R. Brooks）、比尔（R. D. Beer）等。与传统的认知理论和探索方法不同，认知动力主义理论通过质疑、批判传统认知主义的计算隐喻，以及符号、表征、计算和算法在认知中的地位，强调认知主体与环境的交互作用，尤其是重视身体与环境实时的感知过程对于认识形成的基础性作用。概括起来，动力系统理论将认知视为嵌入环境中的智能体的实时的适应性活动，认为认知是一个系统事件，其中，环境、身体感知和大脑的思维活动、身体行为等都是认知系统中的函数参量，把认知发展描述为函数参量在未来的变化趋势。最终，认知被动力主义者视为系统内部诸多分布的、个别的或局部间相互作用的突现。那么，认知动力主义理论的理论渊源是什么？它的出现又会给原有心灵哲学带来怎样的修正或者启示？动力系统认知理论是否是一个完善的解释认识发生、发展的理论，其本身是否还存在什么缺陷？这就是本书将要探讨的问题。

一、关于认知动力主义的理论定位

首次将动力系统范式明确作为认知科学新研究范式的是冯·盖尔德和波特。在《认知科学的新进路：认知的动力学说明》一文中，他们认为认知科学正在经历第二次研究范式的转换，第一次是从符号主义范式转换为联结主义范式，第二次，即现在则正从联结主义范式转换为动力学范式。冯·盖尔德在著名的论文《假如认知不是计算，会是什么？》中提出，复杂动力系统是研究认知的最好方案。认知系统就是一种复杂动力系统。他通过对比人类认知与复杂系统之间的特征，借用动力学中的基本概念，如轨迹、确定性混沌、状态空间及吸引子等来解释认知主体的认知特征，用微分方程组描述处在状态空间中的认知主体的认知轨迹。正是通过对认知主体在环境中的认知轨迹的分析，他认为并不存在抽象的、单独孤立的认知状态。认知主体总是通过身体的感知处在与环境的实时交互适应性过程中，传统认知研究对于表征的强调是错误的，并不存在抽离时间维度的独立的表征计算过程。

目前，国外提出的比较成熟的认知动力学模型包括：①罗伯特森运用动力系统建构的循环原动力行为模型；②斯卡德和弗里曼借助复杂动力系统理论在描述感受器官神经系统的各种复杂状态时而提出的一个嗅觉球状模型；③汤森提出的动力振动理论模型；④埃玛尔提出的语言学习方面的动力学认知模型；⑤吉特迪提出的关于意识认知机制方面的动力学模型；⑥比尔提出的关于智能体与其环境的耦合动力系统模型。

但是，当前认知动力主义研究的理论基础呈现出复杂的局面，学者们对于这种新的研究进路，也有不同的理论定位。克拉克的态度较为谨慎，他认为，对于理论上产生的这些变化，我们还无法确切地界定它们的含义及本质。而莱考夫（G. Lakoff）和约翰逊（M. Johnson）则直接将传统认知科学研究称为第一代认知科学，即非具身的认知科学，而把新的认知科学研究称为第二代认知科学，即具身的认知科学。莱昂·布鲁因（Leon C. de Bruin）则把这种新的研究范式称为动力具身认知。事实上，无论定位与命名如何，学界对这一新的研究范式的内容基本达成了共识，即重视物理身体、局部环境以及神经系统之间的动力关系，这与传统认知科学研究方法大相径庭——传统研究方法重视的是表征计算、思维语言、认知的大脑功能定位以及物理实现等问题。

大多数学者将动力系统认知理论视为一种激进的具身心智观。克拉克所提出了四个具身认知观的论题。"命题1，重视在认知实现中身体的作用；命题2，要理解身体、大脑和世界之间复杂的相互影响，就必须运用一些新的概念、工具和方法来研究自组织和涌现现象。"这两个命题与传统认知观分享着共同的形而上学核心，它们试图通过扩展认知工具，最终达到改良传统认知观的目的，因此是一种温和的具身认知进路。"命题3，如果新的概念是恰当的，那么这些新的概念、工具和方法可能会取代（不仅仅是挑战）计算和表征分析的旧的解释工具；命题4，我们需要对知觉、认知和行动之间以及心智、身体和世界之间的区别进行反思，甚至抛弃这些区别。"这两个命题可以被视为一种激进的具身认知进路。因为它主张完全摒弃传统认知观中表征和计算这两个核心概念，主张放弃二元论的划分。在这个激进的具身认知进路中，动力系统理论就是这个需要诉诸的新分析方法和工具。

二、对于认知动力主义的争议

从认知动力系统理论研究的现状来看，动力系统理论所涉及的哲学问题主要有以下几个。

（一）对于表征的不同理解

传统认知科学范式认为，"没有表征就没有人类认知"。但是，激进的动力系统理论却认为，表征完全是一个错误的抽象概念；认知并不需要依赖任何形式的表征；传统认知科学范式是建立在一种还原论基础上的计算主义，认为人类心智是由算法支配的，算法是可计算的。然而，动力系统理论认为，智能体与环境处在连续的且同时的变化过程之中，认知过程是各个子系统强耦合的过程，没有可适用的算法。

就认知动力主义与表征的关系而言，有两种观点。以克拉克为代表的动力主义学者主张，具身动力研究不是彻底否认表征，表征在具身动力模型中并没有消失或完全不存在，动力模型并不意味着非表征，而是更为经济的表征，表现为更加受行动导向的表征。克拉克甚至提出一种最小程度的笛卡儿主义，他将表征根植于具身认知的动力构架中。因为，他认为具身认知的动力构架对于解释抽象思维、文化等这类意识形式是有局限的，而传统的计算表征模型则可以解决。从这个角度看，克拉克其实是将具身认知的动力模型视为内在表征理论的一种补充方案。霍根（Terence Horgan）和悌恩森（John Tienson）也主张动力学假说应当包含表征机制，认知过程离不开表征。他们指出，认知系统应当是一个整体性的复杂系统，但是，当我们思考不是此在的事物时，就必然会需要结构更为丰富的心理表征。里昂也指出，动力学假说忽视了认知的离线过程，仅仅强调现象学的作用。这种做法不利于修复认知过程中的"离线"和"在线"之间的认知空隙，认知过程实际上包括在线的非表征适应过程和离线的表征抽象过程。克里斯·伊利亚史密斯（Chris Eliasmith）认为，无论是盖尔德提出的瓦特调速器，还是汤森提出的动力振动理论都不能实现他们预设的功能，而这一切正是因为动力学认知模型对计算和表征的排斥所致。动力主义者对待计算与表征的态度阻止了他们为当前的认知理论提供一个让人信服的框架。西蒙斯（John Symons）提出，语言和表征结构能够为人类大脑的进化历程提供一个复杂的、多维的解释空间，语言和表征本身体现了人类在进化过程中所达到的高层次水平。

以布鲁克斯、西伦、史密斯和盖尔德为代表的动力主义学者认为，一个动力模型应当是无表征的，复杂系统的动力模型是对表征计算模型的超越和替代。他们认为，智能行为是身体感知与行为共时协调的适应性结果。在认知过程中，身体内部的神经机制与环境在运动中彼此构建。认知作为一个动力系统，是在不断地重新组合过程中形成的一种自组织，它并不依赖于任何抽象形式的、脱离环境和身体感知的表征和计算。盖尔德认为，表征概念对于理解认知是不需要的，认知耦合机制正如瓦特调速器一样，无需经过表征计算过程。布鲁克斯认为，"在智能系统的构造中，表征完全是错误的抽象单元"。西伦和史密斯则直接主张，"我们根本无须建立表征"。正是因为动力主义对待表征的激进态度，一些学者把动力系统认知理论视为一种激进的具身认知观。他们关于无表征的思想主要以认知神经科学的研究成果为论据，包括：其一，心智，尤其是意识的神经基础是大量的分布性神经元整体突现的动态活动模式，而不是特定的神经元回路和分类；其二，心智、意识的产生包括同层次的大脑、外层次的环境以及低层次的身体之间的互动，认知系统并不是局限于脑内部的神经活动；其三，复杂动力系统理论为研究无表征的具身认知提供了方法，因此，认知的动力主义模型不需要表征。他们甚至将具身动力认知研究从知觉领域扩展到抽象思维、文化领域，认为无需表征，具身动力认知也可以解决这类意识形式。作为对梅洛－庞蒂具身性思想的某种延伸，莱考夫和约翰逊认为，身体图示对于概念等思维形式结构具有预设作用，在具身心智中，知觉活动中的相应神经系统在概念的形成中具有决定性作用。维斯（G. Weiss）和哈勃（H. Haber）则把动力的具身性界定为关于社会文化的研究，他们认为在具身动力认知系统中，"身体不再作为在知觉、认识、行动以及自然中起到关键作用的一种无性别区分的、体验的现象，而是作为一种通过随文化而变化的身体在环境中生活和栖息的方式"。柯索达斯（Thomas Csordas）也认为，就文化和体验能够从在世之身体性存在得到理解而言，我们的研究就是关于文化和体验的。

同时，动力主义完全抛弃与表征相关的计算概念这一做法也受到了质疑，怀特尖锐地提出，失去计算概念的支撑，动力系统模型在实践中很难实现认知的连续性。

（二）关于环境在认知系统中的界定问题

传统认知科学范式认为，认知过程本质上是心灵在离散的时间中对事件的一种再造过程。但是，动力系统理论主张认知行为的连续性提供了随时间变化的自然主义说明。因此，认知动力主义将环境作为认知系统内在的组成部分。既然环境被视为认知动力系统的组分，那么它与同样作为认知动力系统组分的大脑有何区分呢？于是该问题进一步引发了对于认知边界、认知标准的讨论。因此这两个问题紧密相关，且逻辑上层层递进。

基于动力系统认知理论的耦合机制，克拉克（Clark）、查尔莫斯（David J. Chalmers）沿着"具身－嵌入－延展"（embodied-embedded-extended）的思路提出了延展心智的观点（extended mind），赞同延展心智的还有丹尼特（Dan Dennett）、唐纳德（Merlin Donald）、豪格兰德（John Haugeland）、哈钦斯（Edwin Hutchins）、维勒（Michael Wheeler）、波特及盖尔德等。该理论认为环境不是消极外在的，而应该与心灵同样享有认知的地位。动力强耦合机制表明，认知并不仅仅发生于脑内，也可以发生在脑外，即认知过程有时是在脑、身体和世界间交互的过程中实现的。认知可以突破脑的界限。由于这一观点被许多学者接受，梅纳里（Richard Menary）甚至在赫特福德大学组织召开了第一届延展认知学术会议。弗雷德里克·亚当斯（F. Adams）和肯尼斯·埃扎瓦（K. Aizawa）则反对延展心智的观点，他们认为认知的耦合过程不足以产生认知延展到脑外的结果，认为延展认知必须有"一个严密的认知概念""对构成性与因果性进行区分""对认知系统假设与延展认知假设进行区分"，并对认知过程、认知标准和认知系统进行了详细论证。

（三）动力系统理论与心灵的因果关系

复杂系统的突现性研究揭示了系统突现与层次之间的因果关系。这种新的因果关系理论表明高层次属性能够以不可还原的方式自上而下的控制、约束及限制低层次属性。这一重大理论发现为传统心灵哲学中的心身因果关系问题提供了新的解释。加之传统心灵哲学中的心身因果关系解决方案都没有合理的解释心灵对于身体的原因力，因此动力系统理论的下向因果关系在为心灵因果关系问题提供合理解释框架上具有强大的生命力。

从动力系统的突现性来解释心智的发生是动力系统认知理论的另一个重大理论发现。复杂系统的突现性以及突现性所蕴含的下向因果关系为我们解释意识现象提供了新的思路。对于意识如何作用于物理世界这个问题，当代一些哲学家开始将下向因果关系视为解决该难题的新方案。坎贝尔（D. Campbell）认为，所谓"下向因果关系就是处于层级的低层次的所有过程受到高层次规律的约束，并遵照这些规律行事"。即使是主张物理还原的金在权也认为，"下向因果关系在某种意义上说是突现论研究纲领的关键点所在，如果你相信突现的话，那么突现有它们独特的因果效应就是一个完全自然且合理的断言"。波普尔（Karl Popper）也支持下向因果关系，他指出，"下向因果关系就是指一种较高层次的结构对它的次级结构有原因的作用"，他举例认为，"选择压力就是这样通过选择对具体的生命机体产生一种下向作用，这种作用也可以由遗传联结的世世代代的漫长序列来加以放大"。埃德尔曼在回答意识的神经相关物问题时，主张意识是脑神经元集群系统动力模型中的突现性质。就脑的神经动力学而言，他主张，意识的神经相关物就发生在随时间变化的神经元集群子集中。他认为，人的认知活动是脑与身体、环境交互作用时在神经活动的某些分布模式基础上整体性涌现地实现的，而脑神经的分布模式就是脑内相互联结的区域之间不断进行的并行信号循环交互的动力过程。斯佩里也坚持突现的下向因果机制，他主张精神和意识是脑的认知动力系统中的整体属性、突现属性，在认识系统中，神经元的活动处于因果关系的低层，而意识则以不可还原的突现形式出现在脑的较高层上，它们不仅在认识发生的过程中与外层次的环境即时性交互，且对系统内部低层神经元活动自上而下产生影响、制约效果。

另外，也有学者在首肯认知动力系统理论对于解释心灵下向因果关系意义的同时，认为动力学系统在解释心灵因果关系上还不是一种完善的理论。例如，悌杰德指出，动力系统理论或许还不是一种成熟的方法论，还需要引入新的隐喻。

（四）动力系统理论所蕴含的哲学理论渊源和隐喻

就认知动力主义的哲学理论渊源而言，学界已基本达成的共识来自具身性现象学思想。对于隐喻理解，基于对动力学机制的不同侧重点，有交互隐喻、突现隐喻及具身隐喻等。这些隐喻与传统认知科学中至为重要的哲学基础——功能主义和计算隐喻，完全不同。

就认知动力主义理论的哲学渊源而言，其主要表现为具身性、情景性思想。认知动力主义系统理论是当今认知具身化研究的方法。克瑞斯雷（Ronald Chrisley）、泽马克（Tom Ziemke）以及德雷福斯（Hubert Dreyfus）都把海德格尔关于此在的现象学思想作为其哲学渊源。克瑞斯雷和泽马克指出，海德格尔的现象学思想表明，人不是胡塞尔所谓的纯粹先验的意识，而是在现实世界此在中的生存；人的活动不是对抽象表征的操作，而是在背景和"外视域"中进行的。德雷福斯也将海德格尔此在的思想作为其哲学渊源，认为胡塞尔的思想是传统认知研究的哲学渊源，代表了一种无身认知的观点，而海德格尔以此在思想对胡塞尔的批判则代表了一种具身认知的观点。此在思想为人与环境、环境中的工具间的实时交互作用提供了理论基础。

克拉克则认为，对于具身性思想的系统阐述，对于身体、环境在认知中地位与作用的论述，最早可以追溯至梅洛-庞蒂所著的《行为的结构》一书。莱考夫和约翰逊也认为，"任何在标题中带有哲学和肉身这两个词的著作都应当感激梅洛-庞蒂。他以肉身这个词表达我们原初的具身经验，而且他试图将哲学的注意集中到他所称的世界之肉身上，这是一个我们通过生活于其中所感触到的世界"。语言学家维果斯基和儿童心理学家皮亚杰在语言学习的研究和儿童认知发展问题的研究中也主张身体动作所具有的基础性作用。维果斯基的认知研究以社会嵌入性为研究重点，而皮亚杰则以认知的身体因素为研究重点，更为明确地揭示了身体在认知能力发展中的作用。皮亚杰提出的发生认识论认为，从发生学的观点看，人类的认识和智力是复杂有机体在复杂的实际环境中的一种具体的生物适应形式，适应是智力的本质。在与现实相互作用的活动中，知识和智力是一个持续的、新的建构，知识不是预先形成的或被决定的，而是一个连续的同化-顺应和结构-建构的动力过程，知识的客观性有其建构的历史。

（五）由基础性的隐喻所引发的对人的现象的哲学反思

人能够栖身于世界之中，同时又可以对世界、对自身进行反身性的思考。然而，能够既在世界之中，又能够跳出世界的人的现象是何以产生的？从主客体彼此交互的动力模式重新审视自然、审视人的知识，从它们彼此交织、扭结的中间出发，或许能够为我们解释人的现象提供合理的框架。

认知科学需要从自然的角度解释人类认知的现象学特征。认知动力主义作为从复杂性视阈中进行认知科学研究的一种新进路和方法，提供了一种与传统哲学不同的认识论。传统的唯理论和经验论只是认识论态度中的一种理想。它们要么存在主观性悖论、要么存在客观性悖论，都有自身无法克服的理论困境。事实上，无论是主体还是客体都存在完全还原的不可能性。认识是通过主客体之间动力模式的相关性而纽结在一起的。这种纽结是从人的"活的"身体、人的行动以及人的知觉与世界相接触的最初的身体活动开始的，它区别于机械物理的存在，也区别于纯粹先验的主体意识的存在。

三、研究层次

认知动力主义作为继认知主义、联结主义之后的第三代认知研究范式，在超越和批判前者的基础之上，为认知过程提供了一个较为成熟的解释理论。目前，国内外的认知科学家、哲学家都开始关注这一新的认知理论，无论是其哲学渊源——具身性思想，其对于传统符号表征理论的批判，还是其对于认知边界的突破都成了研究的热点问题。本书对于认知动力主义的研究分为以下三个层次：

第一，对认知科学中重要研究范式的发展线索和内在脉络进行探索和描述，试图勾勒一幅西方认知科学发展的历史"地图"。从认知科学的研究历史和动态来看，对于人类心智和认知的探索有"一个长的过去，但只有一个相对短的历史"。自从20世纪50年代"认知革命"爆发以来，在短短的五六十年间，从行为主义的式微到认知主义的兴起、从符号的退场到神经的涌现，以及作为第三代研究范式的动力学理论，认知科学一直处于高速发展的阶段。通过总结、归纳和比较这些不同研究范式的基本观念、维度、问题域和方法，挖掘其深层次的哲学基本预设。

第二，结合动力系统认识理论，对传统心智哲学中的一些概念进行反思，甚至批判。一个理论的产生必然会带来概念的革新。动力系统认知理论最重大的贡献在于实现了认知发生、发展过程的模式化，这必然会对以认知结果为核心的认知理论和概念提出挑战。以环境为例，认知动力系统理论就对传统认知观念中的环境概念以及对环境的研究方法做出了重大修正。环境由认知科学中的一个次要概念晋升为一个主要概念，由静态的、外在于认知系统的孤立系统转变为动态的、认知系统的内在子系统。环境既会表现为离线的表征，又会作为在线的耦合要素进入认知活动之中，它们并不是矛盾的，而是动态地体现了认知发展的不同阶段，离线的表征同样能够相容于认知的动力耦合模型。

第三，以动力系统认知理论为基础，推动关于人的存在、人的心智的形而上反思。对于人的存在这个问题，最大的裂痕来自二元论的心身分离。人所具有的思维不相容于物理的自然世界，也不相容于物理的身体。人的存在变得不可理解，人处于深刻的危机之中。动力系统认知理论强调身体与环境的实时交互，在这种交互过程中，身体从客体变成了主体。从主客体双向交互的动力学机制中，人的"我思"能够获得认识论上合理的解释。

四、研究内容和框架结构

本书紧紧围绕认知动力主义涉及的哲学问题展开，全书分五章。

第一章，认知动力主义的形成及其蕴含的问题。本章梳理认知科学研究范式的发展，论证认知动力主义在认知科学研究中的重要意义，提出认知动力主义所涉及的三个具体的哲学问题，包括表征与非表征问题、认知动力主义的环境与认知边界问题、认知动力主义与心灵因果性问题。

第二章，认知动力主义的非表征问题。本章就表征与非表征问题而言，主要围绕认知主义和认知动力主义对表征截然不同的两种立场展开。通过语言学和脑神经科学方面的证据佐证表征确实是认知发展过程中重要的阶段，进而辩证地看待表征在认知中的地位。

第三章，认知动力主义的环境与认知边界问题。本章主要围绕在认知动力主义视野下，如何看待环境在认知过程中的作用展开，辩证地看待环境在认知过程中的两种表现形式，指出任何顾此失彼的方法都是有失偏颇的。认知边界作为环境问题的进一步延伸，主要针对延展认知的观点进行分析，对于延展认知中激进的观点进行批判，进而提出关于认知标准的看法。

第四章，认知动力主义与心灵因果性问题。本章通过梳理传统心灵因果问题的主张，揭示动力主义与这些观点的主要区别，并围绕认知复杂系统的突现属性进行分析，从突现的下向因果关系揭示心灵对于身体所具有的下向因果性。

事实上，表征、环境、心灵因果性这三个问题都是由认知动力主义的核心观点，即认知是一个复杂动力系统而产生的，并且这三个问题之间也存在内在的逻辑关联性。表征与非表征问题是这些问题产生的基础，正是因为认知动力主义对于表征的批判，对认知的理解才从离散的符号表征转变到实时的动力耦合，认知作为复杂动力系统的观点才得以夯实。当认知被确证为一个系统、一个交互过程时，系统的组分问题也就产生了，环境因素开始被重新审视，与之相关联的就产生了认知边界、认知标准的问题。同时，认知动力系统作为一个分层的结构体，属性之间的关系被纵向地理解为高层次的整体、突现性属性和低层次的局部、分布性属性；也为从心灵到身体方向的原因作用力提供了新的解释，为心灵哲学中的心身因果难题找到了新的方案。

第五章，基于认知动力主义复杂性的思考。本章旨在对认知动力主义复杂性进行思考，结合传统认识论中的理论困境分析认知动力主义复杂性思想所蕴含的非确定性原则，以及对于人和自然间认知关系的启示和理论意义。

因此，本书的框架如图 0-1 所示：

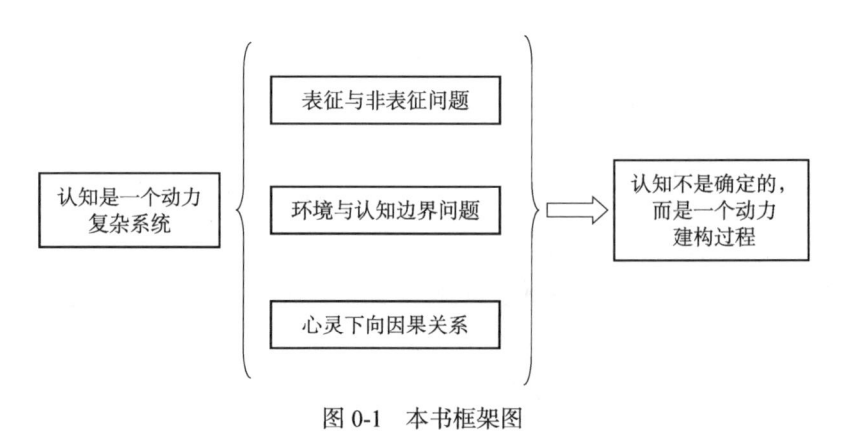

图 0-1 本书框架图

第一章

认知动力主义的形成及其蕴含的问题

在计算机科学、神经生物学及复杂系统等学科的推动下,作为探讨人类心智机制和意识现象的认知科学得到了飞跃式的发展,成了当今前沿性的尖端科学,引起了全世界科学家的广泛关注。心灵哲学也终于走出了假想的、纯粹的及理性思辨的束缚,开始为各种经验的认知研究范式进行哲学分析和论证。自认知科学作为一个交叉学科形成以来,在理论界长期占主流地位的是以功能主义和计算隐喻为基础的认知符号主义(以下简称认知主义)研究范式。随后产生的联结主义虽然在表征的分布范围、联结适用的规则上与认知主义有所差异,但是它们都坚持表征主义的基本立场,"认知依然被理解为脱离环境的仅仅具有内容的心智表征的计算活动"[1]。由于这种抽象的、非交互式的建构模式没有考虑行动者知觉运动的物理背景、身体的活动图式及实时的环境对认知产生的影响,所以在实验中产生了无法克服的困难。认知的动力系统理论正是在这样的背景下应运而生的。该理论强调身体与环境在认知中的作用,认为认知系统是由大脑、身体和周围环境组成的非线性的自组织系统。这些构成要素彼此耦合交互。认知过程具有突现性、生成性、具身性和情境性等特征。

本章论述以下四个方面的问题:第一,梳理认知主义和联结主义的历史发展及其核心观念;第二,关于认知动力主义的形成及其在认知研究范式中的地

---

[1] Harnish R M. Mind, Brains, Compiters: A Historial Introduction to the Foundations of Cognitive Science [M]. Malden: Blackwell Publishers Inc, 2002: 331.

位，包括它对认知主义的批判以及对联结主义的超越，从而论证其作为认知科学研究新纲领的地位；第三，关于认知动力系统的构成，具体包括认知动力系统的构成要素以及该系统在揭示认知过程时涉及的框架问题和隐喻方法；第四，简述认知动力主义蕴含的三个哲学问题。

第一节 认知主义与联结主义

一、认知主义：认知即计算

行为主义的衰落导致了许多彼此竞争的研究纲领的出现，其中奠基于信息理论和计算机科学而非主流心理学的认知主义迅速发展起来，"在很长一段时间的博弈中，一种最重要的认知取向从数学和电子工程领域出现了，尽管它们与心理学及其相关问题联系较少，甚至没有任何关系"[1]。认知主义为认知科学提供的一个中心假定就是：对心智的最恰当解释就是将它视为心智中的表征结构以及在这种结构上操作的计算程序。这种心智的计算观假定心灵具有心理表征，它类似于计算机器的数据结构，而心灵中的计算程序类似于计算机器的算法。认知主义提供的心灵之于大脑正如软件之于硬件的类比，为认知科学提供了如下的研究纲领：①既然心灵就是脑中运行的程序，那么只要找到脑中运行的程序，就可以探索人类的智能、认知和心灵；②甚至更为激进的学者还认为，既然现代数字计算机等价于通用图灵机，在原则上可以运行任何计算程序，那么只要我们获得正确的心灵算法，就可以在数字计算机上编程使之具有心灵，实现人工智能（塞尔将第一种研究纲领称为"弱人工智能"，把第二种研究纲领称为"强人工智能"）。

（一）认知主义的哲学理论渊源

从哲学理论渊源上看，认知主义提供的计算隐喻和人机类比思想不仅反映了在信息时代计算机和网络技术快速发展的当下，对传统的心灵哲学中的心-身问题、人格同一性问题、意识、理性和心理表征等问题提供了一种颠覆性的哲学思考，同时还是对哲学史上的朴素唯物论、毕达哥拉斯主义、目的论及机

---

[1] Leahey T. A History of Psychoogy. 3rd ed [M]. Endlewood Cliffs: Prentice Hall, 1992: 397.

械论的扬弃和发展。[①]

首先，认知主义的还原论思想源于古希腊的唯物主义原子论。留基伯和德谟克利特提出了唯物主义原子论，即世界是由原子构成的思想。卢克莱修在他的《物性论》中进一步充分地表述了唯物主义原子论。他认为，实在世界是由原子和虚空组成的，一切物体都是原子的复合物，人与心也不例外。为了说明人的思想为什么比行动快，他认为心灵是由细小的、光滑的及快速的原子组成的复合物，而身体是由更大的原子组成的复合物。卢克莱修的这种心-身理论预示了人的心灵、精神可以被还原为物质。

其次，认知主义的形式主义思想源于古希腊毕达哥拉斯主义的数论。毕达哥拉斯主义与关注事物的本质问题、追问什么是组成世界的质料的哲学流派不同，他们关注的是形式与关系问题，他们发现量度、秩序、比例和始终如一的循环可以用数来表示。因此，他们论断，没有数就不会有这样的关系和一致性，就没有秩序和规律。所以，数一定是万物的基础，数才是真正的实在、事物的实体和根基，一切其他东西都是数的表现。对这种万物皆数的观点，当代的认知主义哲学家根据信息加工理论对其做了进一步的阐述和臻化：①数的概念描述和说明的是自然的形式而不是内容；②数学是抽象的，自然界则是具体的，它是由事物和事素组成并受规律所支配的。古希腊人关于数学性质的观点被发展成一种现代计算机数学的观点，数不再是一种实在的存在，而是一种逻辑上的形式。认知主义者认为，万物皆数的概念同样可以适用于人类，人就是一台逻辑计算机器，它运行着由计算机语言写成的程序软件。每一个人都有自己的毕达哥拉斯数，它是一个包括先天的遗传程序和后天的遗传因素与环境间的相互作用这样两部分的数串，也就是说，每个人都有能够实现自己的一切自然功能的机器人替身。

最后，认知主义中的人机类比思想源于古希腊的目的论。亚里士多德是目的论的创始人，他的目的论依赖于对形式的阐释。亚里士多德认为，形式和物质都是变化的两种根本原因，它们共同构成一个不可分割的整体。所有的形式都是永恒的，但其不在物质之外，而是在物质之内。形式实现于事物中，它使物质运动，一个目的或目标则由该事物所实现。例如，艺术家创造艺术品时，心中有一观念或计划（即形式），通过手的活动，艺术家施作用于物质，在其计划（即形式）的引导下，就会实现一个目的。进而，亚里士多德认为，形式是

---

① 泽农·W. 派利夏恩. 计算与认知：认知科学的基础［M］. 任晓明，王左立译. 北京：中国人民大学出版社，2007：2.

在物质世界中实现自己目的的力量。每一种有机体之所以变成它现在这种样子，是由于一种理念或目的发挥了作用。也就是说，自然是具有内在目的的，它的一切创造物都是合目的的。这种合目的性会通过自然自身的结构和机制来实现。

亚里士多德在提出目的论的过程中，表现出"程序自动化"和自动机的思想。他认为，在预定程序指导下，由潜在变成现实的过程应当是一种自动执行过程。他指出，受精卵发育的程序自动化过程与当时的一种"自动机器"的程序自动化过程十分相似。当时的"自动机器"的程序自动化是由牵线人拉动其中一个杠杆A，A就会带动B，B再带动C，C再带动D，以此类推，直到整个机械装置活动起来，"自动机器"就会按节拍跳舞。而受精卵的发育也类似于这种程序自动化过程，受精卵按"形式因"的设计（目的）依次生长出心、肝、肺、眼等器官。显然，这种类比表明亚里士多德把受精卵视为了一台生物自动机器，它有着先定的目标性程序，该程序控制着未来的个体发育进程，并决定其最终目标。因此，有学者认为，亚里士多德的这种程序化思想隐含了现代自动机理论的思想萌芽，而他将生物的生长与自动机器进行类比，也包含了现代人机类比思想的萌芽。

（二）认知主义的经验科学基础

当然，认知主义哲学思想也离不开当代经验科学的发展，尤其是信息理论、计算机科学及神经生物科学，它们为认知主义哲学思想的形成提供了不可或缺的现实土壤。20世纪50年代以前，计算模式还是以机械装置形式存在的，如钟表、当时的火车和飞机等。但是自此以后，随着信息加工理论、数理逻辑的发展，人们对机械装置的自动控制过程开始由机械机制过渡到逻辑机制，即通过形式抽象的方式实现机器的自动控制。尤其是计算机技术、可编程控制技术和机器的形式理论的发展所产生的普适计算机，使得生命逻辑研究成为可能。1936年，图灵和波斯特设计出生物系统的计算模型，实现了人的机械记忆和按规则推理的功能，开启了自动机理论与生物学相结合的先河。该计算模型被称为图灵机，它是一种相对简单的抽象形式机器。图灵机有两部分组成：带有程序的磁头和一条无限长的磁带，磁带是机器的记忆，能够依据程序指令左右移动、读写及删除字符。图灵机具有一种特殊的操作循环：从磁带中读取、在磁带上印写、移动磁头（每次一个方格）、（按照磁头中的程序）进入下一种状态。图灵根据图灵机的循环操作，提出存在一种通用图灵机，它能够做任何图灵机所做的计算（图灵定理）。因为任何图灵机都是自动按步执行程序的，即能够通过编制或形式化程序完成磁带上表征的事件，如果通用图灵机能模仿任何图灵机的行为，这就意味着通用图灵机能编码任何图灵机磁带上的描述，即通用图灵机能够清晰的编码有效步骤和算法的指令。这就产生了另一个著名的论题"丘奇－图灵论题"：对于任何可计算某一函数的有效步骤，都存在一个能够运行计算这个函数的图灵机。该论题的推论是，通用图灵机能计算任何有效步骤能实现的计算。因为我们的认知功能可视为有效步骤，而通用图灵机能模仿这种功能的输入－输出对，所以图灵机的计算与认知功能弱等价，即可以通过脑内具有的有效步骤理解人类的认知功能，也可以通过恰当编程建造实现能够思维的机器。

1943年，麦卡洛克和皮茨在《神经活动内在概念的逻辑演算》一文中，开启了神经系统开关逻辑和神经系统形式计算特征的研究。他们运用神经开关回路，说明了神经系统可以被视为一种二值计算的计算机，也就是说，神经元的操作以及它与其他神经元的关联可以纯粹用数理逻辑运算的方式建立模型。他们提出：①神经元的活动是一种"全－或－无"的过程；②在潜加作用期内，总有一些固定数目的突触被激活，以便能在任何时刻激活一个神经元，这些固定数目的突触与神经元先前的活动及位置无关；③在神经系统内唯一有效的延迟是突触延迟；④任何抑制性突触的活动都能绝对阻止神经元在那个时刻的兴奋；⑤网络结构不随时间而发生变化。综合以上特征，麦卡洛克和皮茨认为神经元的开关回路运行规则为：神经元在t时刻内对所有输入进行加法，即数列求和。如果此时神经元受到抑制，则不会发生任何变化。如果没有受到抑制且输入总和等于或大于阈值，则神经元被激活。进而，神经网络与形式系统通过以下原理产生联系：（P1）任何神经元的反应事实上都等价于神经元受到充分激活，也就是说每个神经元都可以指派一个形式命题，条件是能够充分满足神经元的激活。当神经元被激活时，命题为真；不能激活，命题为假。因此，神经元"全－或－无"的特征对应一个真值命题，因而得出：（P2）存在于神经活动内的心理关系与命题关系相对应。因此，神经系统的"开关回路"与二值逻辑命题具有映射关系。麦卡洛克和皮茨还构造了一个形式系统模型模拟神经活动，由于该神经元可以有很多输入，能够编排成任意复杂的模式，因此麦卡洛克和皮茨认为，当给予这种神经网络记忆功能时，这些神经单元或神经回路网络能够具有很强的计算能力，即规律（P3）：首先，如果为每个神经网络配备一条纸带，一些与传入神经（输入）相关联的扫描器和适合于完成必要操作运算的传出神经（输出），那么它就只能计算如图灵机所能计算的那些数字；其次，任何后面的数字（即可由图灵机计算的）都能由这样的神经网络计算。这条原理说明，麦卡洛克-皮茨逻辑神经元网络等价于有限状态的自动机。[1]

神经网络的"开关回路"以及与形式系统的原理，使麦卡洛克和皮茨做出了如下的心理推论，"就心理学而言，无论它是如何定义的，对这种神经网络的研究会为这一领域可能取得的所有成果做出贡献——即使这种分析最终指向了心理单元或'心理原子'，因为心理原子恰恰就是单个神经元的活动。既然这种活动具有内在的命题特征，所有的心理事件也就具有了意向的或者'符号的'特征。由于这些活动的'全-或-无'规则，以及它们之间的关系与逻辑命题之间的关系所具有的一致性，所以可以肯定心理原子之间的关系与逻辑命题之间的关系具有的一致性，所以可以肯定心理原子之间的关系就是二值逻辑命题之间的关系。因此，在内省的、行为的或生理的心理学中，基本关系就是二值逻辑关系"[1]。也就是说，麦卡洛克和皮茨的推论认为，人类大脑的神经元网络运行的是某个按数理逻辑运算的图灵机程序。

在认知科学的历史中，纽维尔和西蒙在1976年提出的"物理符号系统假设（physical symbol system hypothesis）"也对认知主义关于心智的数字计算理论起到了重大的促进作用。他们的"物理符号系统假设"认为，物理符号系统具有产生智能行为的充分必要条件。"物理符号系统包含一组成为符号的实体，这些实体是某种物理模式，是称之为表达式（或者符号结构）的另一实体的组成部分……除了这些结构之外，系统还包括一组操作程序，能够作用于表达式使其产生另外的表达式……物理符号系统就是在机器内能够产生出随时间而演化发展的符号结构的集合。"[2]该假设试图表明当机器能够运行或操作物理符号系统时，它就具有了产生智能行为的能力，而当机器拥有智能行为的能力时，也就等于图灵机的实现。

如果说图灵论证了认知功能等价于算法或有效步骤，麦卡洛克和皮茨论证了神经网络等价于具有计算功能的自动机，纽维尔和西蒙为机器具有智能行为提供了论证，那么冯·诺依曼则建构了心灵计算理论的数字计算机构架，即信息如何存储、什么决定了信息在系统中的运作，以此试图揭示人类的认知构架。冯·诺依曼机具有如下特征：①它是完全自动的。冯·诺依曼机完全是通用目的的计算机器，具有完全自动的特征，在机器开启后可不依靠人的操作而独立

---

[1] McCulloch W, Pitts W. A Logical calsulus of the ideas immanet in nervous activity [J]. the Bulletin of Mathematical Biophysils, 1943, (5): 115-133.
[2] Newell A, Simon H. Computer science as empirical enquiry: symbols and search [J]. Communications of the Association for Computing Machinery, 1976, (19): 113-126.

完成。②具有存储数据和指令的记忆功能。冯·诺依曼机能够以某种方式储存有特定计算需要的数字信息，而且能够储存控制实际执行数字数据路径的指令。③能够储存程序。既然冯·诺依曼机能够同时储存数字和指令，那么机器必然实现了将指令简化为数字编码，同时能够以某种方式区分数字和指令。④具有执行指令的控制机制。冯·诺依曼机必须存在一个能够自动执行存储于储存器内指令的元件，即"控制器"。⑤具有逻辑和算法的组织，即运算元件，能够进行一些基本运算操作。⑥具有输出和输入设置，即操作者与机器相互交流的元件。冯·诺依曼机的结构是一种寄存机器，通过数字"地址"储存及检索符号，通过程序的序列转换实现控制。符号操作的步骤如下：先从存储器中检索符号，把它们储存在制定的寄存器里，再提供一个原初命令，然后再将结果符号重新储存在存储器器内，即提取、操作和存储的操作循环模式。

冯·诺依曼认为，计算机的智能是通过物理句法的程序运作实现的。冯·诺依曼机是二进制数字机器，所有的指令和数字行线都要转换为二进制编码。这种二进制编码的工作由编译器完成。编译器将编译完成的指令和寄存器分配到储存器的地址中，这种操作会使寄存器获得新的名称，重复这样的循环操作，直到停止。在二进制编码中，每个寄存器都是一列触发器，都只能出现两种状态中的一种状态：开或者关。当第一个指令复制到指令寄存器中时，物理句法的运行便开始了。例如，当指令寄存器的触发器设置为00000011时，它便可以执行一个比较过程，将寄存器1和2的内容进行比较，在匹配寄存器里产生1或者0。该程序展示的下一个指令被复制到指令寄存器里，机器持续的提取－操作－存储循环直到停止。机器仅仅运行了物理和电子工程法则，即"只是程序指令的句法编译成物理触发器的不同排列，机器里没有虚幻的灵魂……这就是我们是怎样使物理机器做我们告诉它做的事情的"①。因此，人工智能者认为，计算机的心灵（计算机运行的程序）和计算机的身体（计算机的触发器、寄存器以及电路闸等构件）是通过物理句法联系起来的，这与人的心灵与身体的关系是一样的。

当然，冯·诺依曼机作为最早的计算机结构以及心智的认知构架，被后来的科学发展证实存在一定的缺陷和不足，例如，冯·诺依曼机最大的瓶颈在于每次只能执行一个指令，限制了计算机信息流量。但是它的开创性意义却是不

---

① R. M. 哈尼什. 心智、大脑与计算机：认知科学创立史导论［M］. 王淼，李鹏鑫译. 杭州：浙江大学出版社，2010：126.

可泯灭的，派利夏恩就高度的评价了冯·诺依曼机的重要意义，他认为，"自冯·诺依曼机提出以来，通过一系列'提取''操作'和'存储'控制而实现序列加工的主要思想，一直占据支配地位"[①]。

因此，认知主义关于心智的数字计算理论以及人机类比的推理就是：

前提：（1）如果经过编程的计算机通过了图灵测试，就可以认为计算机能够"思维"，思维的本质就是计算。

（2）物理符号系统的运行是产生智能行为的充分必要条件，因此，思维是符号的运算过程，同时任何运算都可以在通用图灵机上完成。

（3）人脑基本上就是麦卡洛克-皮茨逻辑环路网络，它具有无限的容量，相当于通用图灵机。

推论：思维是计算的一个种类，类似于通用图灵机上的计算，如冯·诺依曼机或者后来的生产式系统、鬼蜮模型等。因此，只要找到心智的算法，我们就能探知人类的智能、认知和心灵。

（三）认知主义的核心观点

认知计算模型的基本观点是：认知是认知者对周围世界的心理表征进行心理操作，包括心理表征的生成、转换和删除等。具体而言，它是指：①认知状态是具有内容的计算心理表征的计算关系；②认知过程（认知状态的改变）是具有内容的计算心理表征的计算操作；③计算的结构和表征（上述第1点和第2点）都是数字的。[②] 事实上，正因为计算机就是这样一种能够自动操作符号的机器，认知科学才会如此慎重的对待计算隐喻，当今的认知科学领域要解决的问题也紧紧地围绕着表征、计算等核心概念，例如为什么认知确实是计算的一个种类、什么是心理表征及认知具有什么样的结构模块等。

可以看出，认知主义把认知状态与过程分解为两个部分：一个部分为心灵表征，另一个部分为计算操作。因此，表征和计算是认知主义的两个核心概念。认知主义的表征概念是对笛卡儿关于知觉的"表征理论"的继承。"我思故我在"，笛卡儿认为，证明"我"存在的证据在于"我"所具有的心灵活动。我能够具有确定知识的证据仅仅是我的心灵活动的内容，即我的真实感受、思想和知觉等，至于心灵活动内容的对象——物理世界中的事体或事态，其是否是实

---

① Pylyshyn Z. Computationand Cognition [M]. Cambidge: Bradford Books/The MIT Press, 1984: 96.
② R. M. 哈尼什. 心智、大脑与计算机：认知科学创立史导论 [M]. 王淼，李鹏鑫译. 杭州：浙江大学出版社, 2010: 171.

存的，或者它们之间是否吻合，则是不可知或不确定的。因此，"我思故我在"这样的哲学观点在提升主体地位的同时，却沉降了物理世界的存在，因为它试图说明的是我们并不能够直接知觉到的物理世界的事物，而只能知觉到我们关于这些事物的观念。在哲学史上，这是一个具有决定意义的转向，从"我们的确知觉到实在对象"的视觉到"我们仅仅知觉到我们关于对象的观念"的视觉的转向①。

认知主义就是在这种"我们仅仅知觉到我们关于对象的观念"的视觉上来看待表征问题的，派利夏恩就明确指出，"必须牢记内容指的是表征（思想、表象和目标）的概念性内容，而不是其所指，表征内容并非世界上实际存在的对象……即使心理对象有所指，其实际所指的也是不相干的东西。心理内容中的微粒不同于世界中具有独特的客观状态的微粒，确切地说，世界中的同一状态可以对应于多个不同的概念性内容。例如，关于刚才驾车的那个人的想法和关于我女儿的想法有不同的内容，虽然刚才驾车的那个人碰巧是我女儿……（该）种情形中两个（表征）内容有不同的意义或弗雷格所说的含义，但都指称同一个事态或同一个个体。它们在内涵上相互区别，但在外延上相互等价。这样，我们看到，两个属性的心理状态（思想和目标）只有在内涵上相同时，我们才愿意把它们算作是具有相同的内容的"②。

当然，仅仅证明表征内容不同于物质世界中的实体是不够的，还必须证明表征内容在认知过程中具有什么作用，它在对人类行为的解释中是否提供了必不可少的概括。换句话说，我们必须解决这样一个问题：在一个物理规律所支配的世界中，心理状态的表征内容能够解释行为吗？这些表征层面是如何发生因果关系并进而决定系统的行为的？布伦塔诺认为，这个问题唯一的解决办法就是承认心理不是由物理规律而是由心理规律本身决定的，否则就是不可解的。而认知主义则是通过进一步发展解释原则，拓宽解释的层次来解决这个问题的。认知主义认为，"在精确阐述中，我们会发现，在物理的（或神经生理的）层面之上，存在两个不同的层面——表征的或语义的层面和符号处理的层面"③。

认知主义认为人类某种行为不同于手表、电视机等人造物理装置，后者可

---

① 约翰·塞尔. 心灵导论 [M]. 徐英瑾译. 上海：上海人民出版社，2008：19.
② 泽农·W. 派利夏恩. 计算与认知：认知科学的基础 [M]. 任晓明，王左立译. 北京：中国人民大学出版社，2007：49.
③ 泽农·W. 派利夏恩. 计算与认知：认知科学的基础 [M]. 任晓明，王左立译. 北京：中国人民大学出版社，2007：25.

以通过物理学纯粹功能性的说明涵盖所有相关的概括从而被解释。即使是我们将该物理装置的操作与设计者的意图联系起来时，使用了表征描述，但该表征内容所表示的东西，并不是解释本身的部分，因为在解释装置如何工作时并不需要表征的概念，机器的操作不经需要状态和特征的表征，仅仅通过输入的物理模式向输出的物理模式的转换过程就可以得到解释。而人的心智活动却不能仅仅通过神经生理的活动进行解释，神经元的激活或抑制、功能模块的形成与运作无法解释它们是如何与心灵的具体内容相联系的，或者说它们是如何能够"指涉"心灵的具体内容的，即神经生理活动是如何引发我们脑海中浮现的种种意象的。因此，对人类某种行为的相关概括和联系，如果不提及表征内容（此时，行为可以视为是依据特定规则与事物的表征内容的代码合理的相联系的），就无法被恰当的解释。

因此，正是因为功能层面无法导出心理状态的语义学或者心灵状态的意向性，所以表征层面或者语义层面才代表了特定系统的一个独特的自主的描述层面。表征的英文为"representation"，在构词结构上是由"re-"和"presentation"组成，意指"重现"。从广义上讲，表征的模式是多种多样的，例如，有感知、记忆及意象的心理表征，也有音乐、舞蹈、地图、雕像，甚至临时用作记号的标志等特殊概念系统的表达。在认知领域，则是从狭义上来研究表征，其仅仅是对心理表征的研究。表征总是和"语义""意义""指称""意向""内容""关涉"等概念相关。从已有的表征实现模型来看，无论是谓词演算、语义网络，还是框架、脚本等模型都是试图说明表征结构是如何产生语义的。因此，从本质上说，心理表征是一种语义关系。

当然，把表征作为一种语义关系，其面临的难题是：语义关系与逻辑关系一样，至少不能直接的在因果上加以定义。[①] 因为根据物理封闭原则，表征的语义学并不能在因果关系上导致系统做出它所做的行为，只有表征的物理形式才对引发行为的实际内容具有因果效力。也就是说，表征的语义层面要想获得因果效力，必须承认由表征状态的物理性质引导的行为模式与通过指涉表征状态的语义内容获得的行为模式之间存在一种对应关系。事实上，认知主义就是按照这样一种路径来解决表征层面与物理层面的关系的，例如派利夏恩就认为，"实际引发行为的是表征状态的特定物理性质，它们是通过反映表征状态内容的方式来引导行为的。……（智力）行为都是由对应于符号代码的子状态类的物

---

① Fodor J A. Methodological solipsism considered as a research strategy for cognition psychology [J]. Behavioral and Brain Sciences, 1980, 3 (1): 63-73.

理上例示的性质引起的。这些代码反映了所有为使行为对应于可用语义词汇来表示的规律性所必需的语义差异。换句话说，代码或符号是物理性质的等价类，这些物理特征一方面引导行为行其所是，另一方面又是语义解释的承载体，这些语义解释为其个体化提供了必需的高层原则并表述了一般性原则"[1]。

前面已经提到，早期认知科学发展与"计算"概念之间的紧密关联，认知科学的先驱者们将心理过程隐喻为计算过程的做法对于揭示智力机制所具有的伟大的开创性意义。在有关认知主义理论的众多文献中，"计算"可以被区分为"弱版本"和"强版本"。"弱版本"是从计算的形式的普适性出发的。形式的普适性可以形式地确认任何过错都能被一台计算机完成。也就是说，计算机能够表现出与一个被指定的函数相同的输入－输出行为。而计算机的这种计算等价性可以映射模拟心灵的智力机制。当然，如果仅仅从计算机的物理状态序列的描述并不足以解释认知过程，因为它呈现的只是机器中进行的计算过程，无法说明"正在进行的是什么计算"这个问题。因此，仅仅用计算装置和计算过程的关系来解释大脑与认知过程之间的关系是不足够的，认知过程仍然是一种"黑箱"，无法揭示在某个适当的抽象层面上的过程的细节。

这样一来，从形式出发的计算的"弱版本"实际上对心智采用了一种非还原论的策略，因为它承认这样一个事实：原则上，可以将计算机的动力学行为描述为一个按照因果关系联系起来的物理状态序列。虽然这种序列的数量没有限制，但是，这种对某一特定物理状态序列的记录本身，即机器中进行的计算过程，却不能告诉我们任何事情。而计算与认知之间能够形成类比的重要原因在于，如同认知过程的解释离不开心理状态的内容，计算也必须根据计算过程中各个状态所代表的内容，必须解释计算状态与某个特定语义状态的映射关系。因此，表征对于计算是一个不可或缺的层面，计算过程被解释为依赖于其状态所表征的内容或语义内容的过程。从而，"从抽象的层面上，计算机可以通过系统行为把表征层面的符号表达式满射到物理学的因果定律上，使整个装置可以运行，或产生保持解释一致性的从状态到状态的或从表达式到表达式的转换"[2]。

如果计算的"弱版本"产生的是一种人机类比的不可还原的理论，那么，计算的"强版本"就是一种建立在还原论基础之上的计算主义，是关于算法主

---

[1] 泽农·W. 派利夏恩. 计算与认知：认知科学的基础［M］. 任晓明，王左立译. 北京：中国人民大学出版社，2007：40.
[2] 泽农·W. 派利夏恩. 计算与认知：认知科学的基础［M］. 任晓明，王左立译. 北京：中国人民大学出版社，2007：78.

义的强纲领。如前所述，算法（algorithm）是在 20 世纪 30 年代，由图灵、哥德尔及丘奇等数学家对于数学上直观的"算法可计算"（computable）概念形成的一种抽象描述。早期认知科学的发展就是建立在以唯物主义还原论为倾向的"算法可计算"的基本假说之上。这种计算主义主张，人脑和计算机一样，都是操作、处理符号的形式系统，认知和智能的任何状态都不外乎是图灵机的一种状态；人类认知和智能活动可以被编码为符号，并通过计算机进行模拟。[①] 随着人工智能的进一步发展，这种计算的观点被进一步拓展开来，一些人工智能专家、认知科学家和哲学家主张不仅仅是心智过程，整个物理世界，乃至生命过程都是算法可计算的，都是由算法支配的。例如，关于物理世界，多伊奇曾提出著名的"物理版本的丘奇－图灵论题"，该论题主张，"任何有限可实现的物理系统，总会以有限方式的操作被一台通用模拟机器完全模拟"[②]。又如，生命过程的可计算理论则认为以计算为运行机制的计算机所生成的虚拟生命系统可以完整地再现真实世界中的生命过程，因此生命完全可以通过计算获得。事实上，从冯·诺依曼的"细胞自动机"，科拉德（Conrad）的"人工世界"，兰顿（C. Langton）的"硅基生命"，到道金斯（R. Dawkins）等提出的"人工生物形态"等理论，都是企图运用计算的概念来解释生命的起源与发展。

　　认知主义在揭示认知过程的同时，从功能主义的角度去理解心灵状态。所谓功能就是从这个事物能做什么而不是这个事物是由什么构成的角度去识别事物。例如，钟表是用来记录时间的，捕鼠器是用来捕捉老鼠的，无论它们的构成材料是钢、塑料还是什么其他的质料，只要它们符合前例记录时间、后例捕捉老鼠的功能就都被纳入钟表、捕鼠器的种类之中。可以看出，在功能主义看来，一个物体具有一个功能属性，是由于它充当了一个特定的角色。而"充当一个角色"，从因果上看，可以被视为"如果某物以特定的方式对因果输入作出了反应，产生了特定类型的输出，那么就可以说它充当了一个特定的角色。"[③] 功能主义把心灵的状态和心理属性也看作是功能状态和属性。一个状态之所以是一个特定类型的功能状态，是因为它在所属的系统中充当了一个特定种类的因果角色。当一个物体具有一种属性是由于该物体扮演了特定的因果角色时，这种属性才是功能属性。也就是说，功能主义认为心灵状态应当根据输入关系、

[①] Robert M. Harnish, Denise D. Cummins. Minds, Brains, and Computers: the Foundations of Cognitive Science [M]. Oxford: Blackwell Publishers, 2000: 85-94.
[②] Deutsch D. Quantum theory, The church-turing principle and universal quantum computer [J]. Proceedings of the Royal Society of London, 1985, 400: 97.
[③] 约翰·海尔. 当代心灵哲学导论 [M]. 高新民, 殷筱, 徐弢译. 北京: 中国人民大学出版社, 2006: 97.

输出关系，以及它们在与其他内在状态和过程之间的关系所形成的复杂的因果网络里所处的位置来描述。假如你处于被蚊子咬了的疼痒的状态，那么功能主义对这种特定心理状态的解释就是：该心理状态存在于输入信息（你发现了该局部皮肤组织的红肿、隆起），该疼痒的特定状态与其他心理状态（试图摆脱或减轻这种疼痒、相信药箱里有药）的关系，以及行为的输出（抓挠该处皮肤、走向药箱取药）等构成的因果网络之中。

认知主义思想的确为心智探索开启了新纪元，促进了 20 世纪下半叶认知科学的发展。但是，在 20 世纪 80 年代以后，建立在心理表征、计算隐喻和功能主义解释基础之上的认知主义逐步暴露出它的局限性，许多学者在对认知主义的核心概念进行批判的同时，也提出了关于认知的新路径。例如，克兰西等提出的"情境认知"（situated cognition）、瓦雷拉等提出的"具身认知"（embodied congnition），克拉克等提出的"延展认知"（extended mind），盖尔德、西伦等提出的动力学认知理论（dynamicist theory of cognition）。这些理论和认知主义的明显区别在于：不再把认知视为仅仅发生在大脑内部的信息处理过程，不再将知觉、思维及行为区分为严格的概念和独立的功能，不再强调内部表征对于认知和行为的核心作用，而是强调在认知过程中，智能体对身体感知和实时的环境因素的依赖作用，或交互作用。有的甚至认为鉴于物质媒介对于思维、认知的实现作用，生活中真实的认知行为（与实验室中的认知实验有别）在空间上是延展至大脑、身体和世界的，因此身体之外（beyond-the-skin）的外在因素也能够被赋予认知地位（cognitive status）。本书认为，在这些新的研究动向中，"情境认知""具身认知"和"延展认知"理论与动力学认知理论的关系，就类似于前者如果是一种哲学隐喻的话（相当于认知主义的计算隐喻），那么动力学认知理论就是一种可操作性的具体研究范式（与认知主义的符号表征模式、联结主义的神经联结模式相对应）。

二、联结主义：认知即连接

事实上，认知主义与联结主义的发展都奠基于麦卡洛克和皮茨关于神经系统开关逻辑（switching logic）所取得的开拓性成果。在他们的研究基础上，20 世纪六七十年代产生了两种不同的研究路径：其一为运用神经开关回路论证神经网络与命题逻辑之间的关系，从而精确地说明神经系统如何能够被看做一种二值计算的计算机。这种研究路径促进了认知主义，即心智数字计算理论的发展。其二为对麦卡洛克和皮茨神经网络的学习能力的研究，由于该网络没有学习能力，不得不使连接阈值或/与连接强度具有可变性，从而引发了罗森布拉特（Rosenblatt）对感知器的研究。罗森布拉特认为，一个简单的感知器就是一种有着可变阈值或/与连接强度的双层麦卡洛克-皮茨单元网络。感知器理论最终发展成为当代认知科学的联结主义。因此，哈尼什认为，麦卡洛克和皮茨的这篇论文是认知科学史上的一个分支点，一方面通向序列的、数字的计算理论；另一方面通向平行的、分布式的联结理论。①

（一）联结主义的发展历程

尽管联结主义和认知主义有着相同的根基，但联结主义自产生以来就显示了与认知主义的区别并呈现出与认知主义相竞争的一种理论态势。与认知主义的侧重不同，联结主义主要是通过对神经元和神经工作网络（neural networks）的研究，概述神经系统的计算特征以及发展过程，尤其是通过大脑神经网络联结活动的形式类比来研究人类的认知活动。因此联结主义也被称为一种联结计算心灵理论（connectionist computational theory of mind）。在1946～1953年举办的以"生物和社会系统中的循环因果和反馈机制"为主题的马西研讨会（Macy Conference）上，就有学者指出，大脑不存在运算规则、没有中央逻辑处理器，也不存在能够存储信息的确定地点，事实上，大脑可以被视为一种分布式的大规模的互联活动。

当然20世纪中期神经元理论的进展为联结主义的发展提供了坚实的经验科学基础。1949年，加拿大著名的心理学家、神经科学家和神经网络理论之父赫伯（Donald Hebb）提出的"赫伯假设"较为现实地解决了大脑活动的"联结"问题。赫伯认为，行为模式建立在具有特殊功能的特定细胞相互之间因长时间的联结作用而形成细胞集合的基础上，这种长时间的联结会在脑中形成具有"反响"功能的神经回路。对于神经回路的形成机制，赫伯进一步指出，存在两种情形（即赫伯假设）：其一，当细胞A的一个轴突和细胞B很近，足以对其产生影响，且能够持续的促进细胞B的兴奋状态时，在这两个系统或其中之一会发生某种生长过程或新陈代谢的变化，使得A的功能能够达到加强，如成为能使B产生兴奋的细胞之一。其二，是当细胞A和细胞B同时激活的情形，此时，A是一组激活神经元，a是A中明确标识出的一个神经元，B是一组同时激

---

① R. M. 哈尼什. 心智、大脑与计算：认知科学创立史导论[M]. 王淼，李鹏鑫译. 杭州：浙江大学出版社，2010：70.

活的神经元，其中有两个神经元明确标识 b，c。既然 a 和 b 同时激活，且 a 轴突与 b 接近，那么为使激活更为有效，a 就会与 b 连接。[1]"赫伯假设"为联结主义在神经层次上提供了一种模型。赫伯设定的突触联结机制认为神经突触之间的共联强度是可变的，并且我们可以给出突触间共联权重值的变化方案，由此人类认知活动能够通过神经系统的两个神经细胞突触的共联进行解释。进而，随着时间的持续，细胞集合会相对固定在某一较大的相位序列之上，使多个细胞集合加入到原有细胞集合的环路中，产生更为复杂的行为方式。

1958 年，计算机科学家罗森布拉特为了回答"信息和记忆以何种形式储存，储存库或者记忆中的信息如何影响认知和行为"，提出了感知器（perceptron）——一种神经系统或者机器假说，来反驳认知主义关于感觉信息以编码表征的形式储存的数字计算机的观点。罗森布拉特认为，"使世界形式化，从而形式化的说明智能行为，面临着无法逾越的困难"[2]。罗森布拉特提出的感知器模型有以下假设：①在神经系统中，涉及学习和再认的物理连接在不同的有机体中是不同的；②细胞连接的起始系统具有一定程度的可塑性；③当神经系统面对大样本刺激时，那些"相似"的刺激会形成某种指向具有相同反应的细胞集通路，而明显"不相似"的刺激会形成指向具有不同反应的细胞集连接；④积极与/或消极的强化作用能促进或者阻碍当前正在发展的任何连接形式；⑤因为相似的刺激具有激活相同细胞集的趋势，所以在系统中相似性可以在神经系统中的某种层次上得到表征。[3]

通过实验，罗森布拉特总结出不同感受器的行为规则：①当刺激传入联结区的细胞集时，会以全-或-无的方式进行反应。所谓全-或-无是指，神经元会对传递冲动的输入权值进行加和，如果加和结果等于或大于阈值，则输出（兴奋），如何结果不等于或小于阈值，则静息（抑制）。②投射区与联结区、联结区与反应区之间的连接是随机的。也就是说，感知器的存储是分布式的。因此，系统中大部分细胞都可以被每一种联结利用。除去系统的任意部分，感知器的任何一种联结效果并不会明显消失。③在投射区与联结区中的输入传递是前馈式的，而反应区与联结区之间的传递却是反馈式的。这种反馈会使其发生

---

[1] R. M. 哈尼什. 心智、大脑与计算：认知科学创立史导论 [M]. 王淼, 李鹏鑫译. 杭州：浙江大学出版社, 2010：65-66.
[2] 德雷福斯等. 造就心灵还是建立大脑模型：人工智能的分歧点 [A] // 博登. 人工智能哲学 [C]. 刘希瑞译. 上海：上海译文出版社, 2001：444.
[3] Rosenblatt E. The perceptron: a probabilistic model for information storage and organization in the brain [J]. Psychological Review, 1958, 63：386-408.

源（source-set）部分的受到抑制，也就是说，会对联结区的细胞和/或它们的连接进行修正，从而使得系统的反应是排斥的。学习机制正是建立在这种反馈机制之上的。当然，这还需要一个差异性的环境，因为如果只是在一个无差异、随机的环境中，感知器虽然能够学会将一个特定反应与一个特定刺激联结在一起，但是随着学习刺激数目的增加，感受器还是没有学会归纳的能力。而"在一个差异的环境中，每一种反应都与一类显著相似的刺激相联结，正确反应率随着联结细胞数目的增加而提高，之前没有呈现的刺激被正确分类的概率随着具有相同模式的刺激数量的增加而增加"[1]。

从罗森布拉特的研究工作中，我们可以看到后来被联结主义视为重要议题的早期萌芽。例如，对数字计算机脱离生物现实的批判、关于神经的活动结构、强调再认和学习模式、强调统计和逻辑方法及关于并行加工和分布式表征的观点。在20世纪70年代，虽然有学者开始重视神经网络的研究，但是占据认知科学研究支配性地位的仍然是认知主义。造成这一现状的原因更多的不是理论上的优劣，而是在实践上谁更具优势。就认知主义而言，以符号操作为核心的认知研究只需要较少的数学分析和计算就能解决大量的认知问题，同时认知主义者提出和设计的大量简单程序具有现实的可操作性和可应用性。而早期联结主义限于神经元计算理论和神经科学技术力量的薄弱只能退居纯理论的神经科学和心理学研究。

20世纪80年代，随着认知主义理论瓶颈的凸显，认知主义的符号加工模式基于序列计算规则而不能解决大规模运算问题，同时符号加工的局域性使得符号与规则的任何损失或者故障都会导致系统严重的整体性瘫痪，因此在这种语境下，联结主义框架得以复兴。在联结主义研究范式中，具有广泛影响的有美国斯坦福大学认知科学教授鲁梅哈特（David Rumelhart）、美国斯坦福大学心理学教授麦克莱兰（James McClelland）和加拿大多伦多大学计算机科学系教授欣顿（Geoffrey Hinton）等提出的基于神经网络的并行式分布处理（Parallel Distributed Processing，PDP）；美国加利福尼亚大学生物学教授赛诺斯基（Terrence Sejnowski）和罗森伯格（Charles Rosenberg）提出的网络发音器（NETtalk）的联结主义模型。

（二）联结主义的心智计算理论

联结主义研究的主导思想是模拟人类生物大脑神经网络活动。与认知主义

---

[1] Rosenblatt E. Principles of Neurodynamics [M]. Washington：Spartan Books，1962：405.

不同，联结主义认为，我们并不能完全脱离人脑，对人的心智进行研究和理解。比较好的心智模型应当与脑模型非常接近和匹配。而联结主义的心智模型就是这样的模型，它通过解释心理现象与神经现象之间的密切关系，能够模拟人的大脑的总体结构和功能特点。因此，联结主义的心智模型是首选的心智模型。就联结主义与大脑在结构上的相似而言，具体有以下几点：联结主义模型中的单元类似于大脑的神经元；联结主义的连接和权值类似于神经元的轴突、树突以及突触；大脑的学习可能是通过调节突触的连接强度进行的；大脑的各个部分表现出并行兴奋和抑制的特点。同时，从大脑的功能来看，联结主义模型也类似于大脑。大脑的加工过程可能都是以大量并行的方式进行的，人的许多认知活动，如视觉识别、语言理解和直觉推理等都能够在 100 毫秒的时间内完成，而如果脑是串行运行的话，在 100 毫秒内根本无法完成这些认知任务；与联结主义模型的内容寻址性一样，大脑使用信息的片段就能获得信息的全貌，即以内容而非定址的方式进行寻址；与联结主义的分布式存储一样，大脑并没有特定的存储地址，而是将信息分布于脑的众多区域，每一个区域都可以参与存储信息的若干片段；与联结主义模型受到损坏一样，大脑如果受到损伤，出现的是逐次衰减的信息，即递级产生行为缺陷；联结主义模型和大脑都具有对缺省值的不敏感性，即如果给网络一个错误或缺省的输入（不输入），系统仍然能够有效计算，即使准确性会出现消弱，但是系统完整的模式还是会呈现出来。[①]

联结主义模型为了模拟完整的神经网络框架，提出了与认知主义不同的基本术语：单元、连接、权值和激活。单元，又称为节点，可以视为理想化的神经元胞体，它要么从环境（输入单元）中获得激活作用再传递给其他单元，要么从其他单元获得激活再传递给环境（输出单元），还可能从其他单元获得激活作用再传递另一些单元（隐层单元）。连接是各个单元之间的连接，被认为是理想化的轴突、树突和突触之间的连接。每个连接都有明确的方向，负责传递兴奋或抑制。而权值，又称强度，是每个连接的具体数值，以表明该连接传递了多少激活作用，如果是正数就表示兴奋，负数则表示抑制。激活是指称每个单元所处的状态，包括正值、零和负值三种激活状态。每个单元对所有向它输入的单元的激活进行加和，同样，每个单元也可以将激活值传递给所有与它有输出关系的单元。加和的输入值称为净输入激活，这个净激活值再与先前单元

[①] R. M. 哈尼什. 心智、大脑与计算：认知科学创立史导论 [M]. 王淼，李鹏鑫译. 杭州：浙江大学出版社，2010：298-300.

的激活值相加，就是该单元的当前激活状态。当该单元把激活值传递给其他单元，就是输出激活。因此，在一个单元中存在三种过程：净激活、当前激活以及输出激活。联结主义认为，人的学习过程就是通过不同的训练使自身获得某种权值，并可以使这个权值适用于其他认知任务中，而联结主义模型可以通过计算每个单元连接的激活规则、阈值模拟现实的神经网络。

以 NETtalk 为例，赛诺斯基和罗森伯格研究 NETtalk 的目的是实现机器阅读功能。通过不断地接受对英文单词的正确拼读和文本的正确阅读以及持续的训练，从而使该网络模型可以不断地调整其拼读来适应预先设计的教学标准。从静态特征看，NETtalk 模型的基本构成单元有 309 个，并被分成三个层面：输入层，共 203 个单元，分为 7 组，每组 29 个单元；输出层，共 26 个单元；隐藏层，共 80 个单元。其基本的连接方式为，每一层单元只与下一层单元连接，这种连接是一种前馈连接，即激活从输入单元开始，向前流向隐层单元，之后传递到输出单元。NETtalk 的表征，首先，每一层面的单元都是表征特定内容，例如，输入单元中每组 29 个单元分别表征 26 个英文字母、发音和单词边界，输出单元中的每组 26 个单元分别表征 21 个发音特征和 5 个重音和音节边界标志。其次，输入和输出表征可以分为两种方式：一种是定位式，一种是分布式。定位表征是指每一个单元表征一个字母或者一个发音特征。分布式表征是指单词的输入和发音不只涉及一个字母和发音特征。从动态特征看，NETtalk 的计算规则是，输入单元激活值乘以输入单元与隐层单元的联结权值，所得结果传递到隐层单元，作为隐层单元的激活值；隐层单元激活值乘以隐层单元与输出单元的联结权值，所得结果传递到输出单元，作为输出单元的激活值。NETtalk 系统采用"反馈传播"训练。其联结程序具体表现为：①对每个给定输入的单词计算出网络的输出结果。②将给定输入与目标输出进行比较，找到误差。③误差反馈。网络把误差首先传递给隐层单元，在到输入单元。④按某些确定的参数（学习率）调整联结权值以减少误差。⑤重复上述步骤，直到目标值与实际输出的偏差可接受。NETtalk 实验的结果表明，它的网络加工活动与人类行为相似，例如，较之音位，NETtalk 能够更准确、快速地获取重音；NETtalk 按照幂定律进行学习；NETtalk 在间断学习的训练中比连续学习更有效；NETtalk 随着学习的内容越多，能够逐渐提高对新词汇的相对可靠的发音，即它的行为表现的越好；当权值随机受到损害时，NETtalk 的整体表现也将逐渐衰减；损害后，NETtalk 再次学习先前的学习项目，比第一次学习得快；NETtalk 可根据隐层单元的发音活动的不同特点，发现所有字母的读音，进行层级聚类分析，例如将元音矢量聚集在一起，使之与辅音区分。[1]

联结主义与认知主义一样，也赞同人的认知应当被视为（部分的）涉及表征的操作。联结主义的表征大体上可以分为定位式表征和分布式表征两种类型。定位式表征是一个具体单元专用于某一具体概念、性质或者个体，即单个单元的激活表示某一范围内的某个元素。分布式表征是一组单个单元的激活样式，表示某一范围内的某个元素，并且这些单元也同时参与其他表征，例如在NETtalk模型就用到了这两种表征类型。当每个输入单元表征字母表中的一个字母或者一个标点符号时，输入层就是定位式表征，当每个输出单元表征一个音节单位、音节分界线，或者重音程度时，输出层也是定位式表征。而如果输入层是关于单词的表征，输出层是关于整个语音或者音位的表征，那么输入层、输出层则是分布式表征，因为此时它们不仅仅需要一个输入或输出单元。因此，表征采用定位式还是分布式，与网络所要表征的内容相关。

由此可见，联结主义与认知主义相比，其主要的变化体现在计算的结构和表征方式上，认知主义的数理逻辑关系被联结主义的神经元联结规则代替。因此，联结主义的主要观点可以形式化的概述为：①认知状态是具有内容的心理表征的计算关系；②认知过程（认知状态的转换）是心理表征的计算操作；③计算的结构和表征必须是联结的。[2]当然，面对如此庞大的神经元，即使我们理解了单个神经元的信息传递过程和它的激活规则，联结主义还必须解决一个最重要的问题，即认知过程来源于神经元的何种构型组织，或者说，哪个层次的神经元连接体。神经生理学家趋向于用隐喻来解决这个问题，例如，巴尔斯（Bernard J. Baars）提出全局工作空间隐喻[3]，认为全局工作空间类似于专家会议，作为专门处理器的功能模块，为了使自己负载的信息变得全局可用，会争相进入该工作空间，而一旦进入该工作空间，信息就会变得有意识。阿尼亚蒂（L. F. Agnati）等科学家提出的有镜厅隐喻[4]认为，功能模块之间的反馈类似于有镜厅结构中镜子间的映射，在这种映射间形成的虚拟空间就是意识产生的地方。它们共同的特点是都运用一种虚拟的空间来诠释不同层次的神经元结

---

[1] R. M. 哈尼什. 心智、大脑与计算：认知科学创立史导论［M］. 王淼，李鹏鑫译. 杭州：浙江大学出版社，2010：251-256.
[2] R. M. 哈尼什. 心智、大脑与计算：认知科学创立史导论［M］. 王淼，李鹏鑫译. 杭州：浙江大学出版社，2010：296.
[3] 巴尔斯. 意识的认知理论［M］. 安晖译. 魏屹东审校，北京：科学出版社，2013.
[4] Agnati L F, Guidolin D, Cortelli p, et al. Neuronal correlates to consciousness. the "hall of mirrors" metaphor describing consciousness as an epiphenomenon of multiple dynamic mosaics of cortical functional modules［J］. Brain Research，2012，1476：3-21.

构体的认知的运行机制。

斯莫琳斯基（P. Smolensky）明确反对将联结主义模型等同于神经模型。他指出，虽然脑皮层与联结主义系统具有宽泛的对应关系，但还存在着许多"负"对应关系。例如，在脑皮层中单个神经元内存在复杂的信息整合机制，而联结主义模型中信号整合是线性的；脑皮层存在无数种信息类型，而联结主义模型中只有一种信号类型。他认为，联结主义最恰当的位置在于次符号层，即传统符号层与神经层的中间位置。因此，他提出，就直觉加工行为而言，也就是已经习惯了的熟练行为，联结主义能够在次符号程式上，对这些过程做出详细和确切的描述，而符号模型却不能。"联结主义系统假设：在任意时刻，直觉处理器的状态都可以通过数值（每个单元具有一个数值）矢量精确定义。直觉处理器的动力特征有一个微分方程控制，在这个方程中的各种数值构成了处理器的程序或知识。在学习过程中，这些参数依据另一个微分方程发生变化。次概念单元假设：直觉处理器具有任务域的语义特征，这种语义特征属于任务域中的意识感念。直觉处理器本质上是指大量单元共同产生的复杂活动样式，每个单元都会对很多这种样式的产生发挥作用。"[①]因此，与符号模式不同，次符号程式的约束是连续的、软性的，它的推理是统计的、并行的。

（三）联结主义范式转换的意义

尽管联结主义在许多方面不同于认知主义，特别是联结主义试图用生物大脑神经突触联结的并行矢量转换与计算来代替认知主义脱离生物大脑基于数理逻辑规则的程序计算，但是，这些不同还只是体现在实现认知活动的技术层，德雷福斯就曾这样概括认知主义和联结主义这两种框架的主要争议："一派把计算机看做操作思想符号的系统，另一派则把计算机看做建立大脑模型的手段；一派试图用计算机来例示对世界的形式表述，另一派则试图用计算机模拟神经元的相互作用；一派把问题求解作为智能的范式，另一派则把学习作为智能的范式；一派利用逻辑学，另一派则利用统计学；一个是哲学中理性主义、还原论传统的继承者，另一个则把自己看做理想化的、整体论的神经科学。"[②]

事实上，联结主义并没有放弃认知主义的基本理论假设，它仍然继承认知

[①] R. M. 哈尼什. 心智、大脑与计算机：认知科学创立史导论[M]. 王淼, 李鹏鑫译. 杭州：浙江大学出版社, 2010：306-307.
[②] 德雷福斯等. 造就心灵还是建立大脑模型：人工智能的分歧点[A]//博登. 人工智能哲学[C]. 刘希瑞译. 上海：上海译文出版社, 2001：444.

主义关于心理表征和认知的计算理论。福多和派利夏恩认为，联结主义框架可能只是提供了一种切实履行传统认知构架的生物神经结构。[①] 保罗·丘奇兰德指出，联结主义的批评并没有否定作为认知主义哲学基础的功能主义对认知提供的两个重要假设。第一个假设是认知生物体确实是在从事某种复杂的功能计算。第二个假设是这些计算活动能够实现于不同的物理基础。[②] 哈内什也明确主张，认知主义和联结主义虽然分别体现了心智的数字计算理论和联结计算理论，但它们不过是作为更具普遍意义的心智计算理论的两种特殊类别。[③]

维勒详细总结了认知主义和联结主义所共用的一套解释认知活动的理论框架，这个框架包括以下八个原则：第一，主客二分是认知者所处认识论情境的首要特征。第二，心灵、认知和智能的解释依赖于表征状态以及处理这些状态的方式。第三，人类大多数智能行为呈现为一种通用推理活动，这些活动检索与当下行为处境相关的心理表征，进而通过适当的方式处理、转换这些表征并由此决定相应的行为。第四，人类知觉本质上是推论性的。第五，知觉引导的智能行为展现为一种感官—表征—计划—活动的循环模式。第六，在典型的知觉引导的智能行为中，环境的作用仅仅表现为引发智能主体要解决的问题，仅仅是通过感觉向心灵提供信息输入的来源，仅仅是产生一系列作为推理输出信息的预先计划行为的背景。第七，尽管身体感知负载的信息内容以及某种原初知觉状态可能不得不通过特殊的身体状态和机制得以详细阐述，但是，认知科学对认知者产生可靠和灵活认知行为的原则性解释，仍然在概念和理论上独立于对认知者的身体具身性的科学解释。第八，心理学解释并没有也并不能对极富时间变化的认知心理活动提供具有说服力的科学解释。[④]

本书认为，尽管学界对于联结主义是否是一种独立的研究范式存在争议，但是联结主义所体现的网络的动力系统的涌现思想却完全与传统认知主义的符号表征的计算思想不同，其孕育了20世纪90年代认知研究的交互隐喻及其理论框架，在认知主义和动力主义研究纲领中起到了一种承前启后的作用。的确，联结主义仍然运用了心灵的计算理论，但是"在一个联结主义模型里，单独的、离散的符号计算式是作为大量数字运算的结果被执行的，这些数字运算控制着

[①] Fodor J A，Pylyshyn Z W. Connectionism and cognitive architecture：a critical anaysis [J]. Cognition，1988，(28)：3-71.
[②] 丘奇兰德. 功能主义40年：一次批判性的回顾 [J]. 田平译. 世界哲学，2006，(5)：23-34.
[③] R. M. 哈尼什. 心智、大脑与计算：认知科学创立史导论 [M]. 王淼，李鹏鑫译. 杭州：浙江大学出版社，2010：247.
[④] Wheeler M. Reconstructing the Cognitive World [M]. Cambridge：The MIT Press，2005：23-53.

一些简单单元的网络。在这样的系统里，有意义的项目不是符号，而是组成系统的为数众多的单元之间的活动的复杂模式"[1]。也就是说，联结主义虽然仍然是心灵表征和计算的理论，但是意义并没有被定位为单个神经元的表征和矢量计算，而是与系统全局状态的功能及某一领域的整体表现相关。认知从认知主义的作为符号计算的信息加工，即基于规则的符号操作的定义转变为联结主义的在简单组分构成的系统中全局突现的定义。联结主义研究学派明确表示，认知以及一般的心理状态因神经构成要素的交互作用而突现，新的突现层包含很多独有的特征，需要一些新的概念和词汇来描述他们。"我们确信突现的现象的存在，意味着不可能通过孤立的研究低层次元素而获得对这些现象的理解和描述……整体不是部分之和，因为整体的各个部分之间存在非线性的交互作用。"[2]斯莫林斯基在定位联结主义的适当位置时指出，联结主义模型是一种动力系统，只有动力系统的复杂性才能将认知系统与恒温器或河流区分开来。就联结主义模型在何种意义上是认知原理的具体化而不是神经科学原理的具体化问题，斯莫林斯基已经先见性地指出，"如果一个动力系统是认知的，它的必要条件是，它能够在各种复杂多变的环境条件中，找到数量众多的目标条件。目标的组成部分以及可容纳的环境条件的变化种类越多，系统的认知能力越强"。当然，联结主义虽然宣称认知突现于低层次的交互作用，开始运用动力学的思想，但是它并没有进一步告诉我们这种突现的关系究竟是什么，认知的能力高低，或者说认知的程度是如何随复杂程度而发生变化的。

第二节　认知动力主义的形成

一、对传统认知范式的批判与超越

西蒙曾经这样评价符号主义对于认知科学的开创性意义，"在把计算机看作通用符号处理系统之前，我们几乎没有任何科学的概念和方法研究认知和智能的本质"[3]。认知主义研究纲领主张，人脑类似于计算机，人脑的认知过程相当于计算机的符号操作系统，即都是操作、处理符号的抽象的形式系统；认知的

---

[1] F. 瓦雷拉, E. 汤普森, E. 罗施. 具身心智：认知科学和人类经验[M]. 李恒威等译. 杭州：浙江大学出版社, 2010：80.
[2] Rumelhart D, McClelland J. Parallel Distributed Processing[C]. Cambridge：Bradford Books/The MIT Press, 1986：128.
[3] 刘晓力. 计算主义质疑[J]. 哲学研究, 2003, (4)：88-94.

本质也就是相当于计算机程序的算法，即认知和智能的任何活动都是图灵意义上的算法可计算的，只要我们破译了心智的算法，就可以通过计算机进行模拟。如果计算机成功地模拟了人类的行为，那么该计算机运行的程序就是人类智能能力的算法。虽然认知的计算主义研究纲领在理论上使人类对于智能的研究从纯粹哲学思辨或直接的经验观察转变为对认知本质、智能产生的理论化研究；在实践上推动了认知科学、人工智能、神经认知科学、认知心理学及语言科学等学科领域的发展，但是，它也逐渐显示出它的局限性。

首先，并非所有的知识都可以形式化。计算纲领预设的首要条件就是客观对象的形式化。它假设外部世界就是知识的特征集，如果我们对我们日常生活的所有常识背景实现形式化的表征，就可以通过适当的程序来获取、表达和处理知识。但事实证明，人的认知得以产生的实际文化背景并不是确定的，这种不确定性表现为：①背景知识本身是不确定的，知识的产生本身就是一种历史演化过程。人对知识的认识是历史演化的，人不是置身于一个不变的背景之中的。人与背景知识之间的关系不同于我们与我们家中的一个房间之间的关系，前者是复杂的、共变的，后者是静止不变的。②并不是所有的背景知识都可以通过符合表征而进行逻辑演算。正如海德格尔所指出的，除了把我们与对象的关系当做知觉或判断的对象以外，还有其他遭遇对象的方式。例如，当我们在使用某个工具时，我们使用工具的这个技能是不能在心灵中被表征的，是无法被形式化的，因为"这个技能必须在一个受社会影响组织起来的用具、目标和人的作用等要素组成的背景中实现。这个背景不能表现为一组事实，而且它和我们日常生活中熟练地应对一切的方式都不是我们所清晰知道的某种东西，而是作为我们社会化的一部分，构成了我们在世界之中的方式"[①]。

其次，大脑信息处理功能的形式化无法解释人类自适应、自学习的能力。计算纲领从功能主义的角度将人类的思维能力视为一种信息处理活动。但是，如何模拟大脑的信息处理活动与环境的相互关联一直是人工智能的难题，目前即使最先进的机器人所具有的适应能力仍然非常有限，远远达不到人类所具有的肌肉控制能力、对外界刺激的反应能力和潜在的创造能力。因此计算主义纲领的领军人物明斯基也认为，"人脑在进化过程中形成了许多用以解决不同问题的高度特异性的结构，认知和智能活动不是由建立在公理上的数学运算所能统一描述的"[②]。

最后，以唯物主义还原论为基础的计算主义纲领不能解释意识问题。意识

---

① 徐献军.具身认知论[M].杭州：浙江大学出版社，2009：29-30.
② 刘晓力.计算主义质疑[J].哲学研究，2003，(4)：88-94.

作为一种自然现象，其最为重要的特征是它的主观性、感受性和对反思的主动性。意识是人类对自身以及周围世界在主观上的体验或感受以及对这种主观性感受的反思性认识。卡普坦因（G. Captain）认为，传统的符号逻辑方法根本不能描述意识现象。霍兰等也认为，意向性意识是在与环境交互中突现于集群系统动力学的现象，而目前还没有理论和模型能够清楚表现这种自涌现现象。①

认知动力主义学者运用复杂系统的动力学理论研究认知，就是要对认知主义所暴露的缺陷进行弥补：从认知发生的角度来理解认知，将认识视为一个动态的演变过程，而不是一个静态的计算结果；将认知理解为主客体之间互相的动力过程，而不是主体对客体消极被动的反应。

认知联结主义是对神经元和神经工作网络（neural networks）进行研究，概述神经系统的计算特征以及发展过程，尤其是通过大脑神经网络联结活动的形式类比来研究人类的认知活动。认知的联结主义是否能够成为一种独立的认知研究范式，学界还存在争议。他们认为，尽管联结主义在许多方面不同于认知主义，特别是联结主义试图用生物大脑神经突触联结的并行矢量转换与计算来代替认知主义脱离生物大脑的基于数理逻辑规则的程序计算，但是这些不同还只是体现在实现认知活动的技术层，联结主义并没有放弃认知主义的基本理论假设，它仍然继承认知主义关于心理表征和认知的计算理论。

这里我们不讨论联结主义和认知主义的关系，我们想要表达的是联结主义在认知主义和动力主义之间的作用。联结主义与认知主义相比，其主要的变化体现在计算结构和表征方式上，认知主义的数理逻辑关系被联结主义的神经元联结规则所代替。因此，联结主义的主要观点可以形式化地概述为：①认知状态是具有内容的心理表征的计算关系；②认知过程是（认知状态的转换）是心理表征的计算操作；③计算的结构和表征必须是联结的。②但是，神经元全体的联结展现给我们的是一种自组织的能力。认知产生的起点不再是抽象的符号，而是由诸多神经元联结状态而形成的整体，即当这些神经元一旦通过某种模式联结后，就会产生一种全局性的突现（或者涌现）属性，而这种突现属性代表的就是人的认知能力。

在对突现和自组织系统的研究中，动力系统理论是一种常用的工具。它表明了从最初的极简状态是如何演化为后来的极复杂状态的，也就是从最小的变

---

① 刘晓力.计算主义质疑[J].哲学研究 2003，(4)：88-94.
② R. M. 哈尼什.心智、大脑与计算：认知科学创立史导论[M].王淼，李鹏鑫译.杭州：浙江大学出版社，2010：296.

量参数到复杂的、意想不到的变化。动力主义的动力机制揭开了联结主义未曾揭开的突现的"黑箱",也就是说,如果说在联结主义范式中,心智作为突现属性是一种不必解释也不可解释的"黑箱"现象,那么动力主义范式则力图打开"黑箱",试图揭示心智作为突现属性的产生机制、心智作为突现属性的动态形成过程。进而,我们对心智的突现属性的理解从"它如何表现问题"深入到它"何以产生问题"。从这个意义上说,认知动力主义是对联结主义的超越。

二、作为认知科学研究的新纲领

基于计算隐喻和符号表征表现出的局限性以及自组织和突现研究的成果,许多学者开始从主客体交互的动力机制提出了一些新的认知理论,以此论证认知的具身性、情景性及突现性。目前蕴含主客体相互建构的动力机制的理论包括:①以瓦雷拉、拉科夫等为代表的具身认知(embodied cognition)理论。该理论的基本观点是:心智、认知能力是具身的,它们依赖于我们身体的神经生理结构和身体的活动图式,认知过程、认知发展以及高水平的认知是在人的身体与世界的交互作用之中得以形成的。②以克兰西、布鲁克斯为代表的情境认知(situated cognition)理论。该理论认为,认知主体总是处于某种情境中,这种情境在与认知主体的交互作用中,与认知主体的目标一起共同影响认知主体的行为。智能是这些因素的突现结果。③以盖尔德和波特为代表的动力学假说(dynamicist hypothesis)理论。他们认为自然的认知系统就是某种动力系统,动力学的基本概念能够恰当地解释认知主体与环境交互作用的认知过程,即大脑是一种复杂的自组织巨系统,而大脑的认知活动尤其是意识经验是该复杂系统的突现特征。④以克拉克、查尔莫斯为代表的延展认知(extended cognition)理论。他们在对待环境系统时持有更激进的观念。他们提出物质的外部环境应当平等地被视为是认知的,认知是分布在大脑和工具之上的。在《此在:重组大脑、身体和世界》(*Being There: Putting Brain, Body And World Together Again*)一书中,克拉克进一步阐述了在交互隐喻之上的认知的一体化思想,"被我们看作是心灵和智力的成熟的认知能力可能更像航海,而不是单纯的生物大脑的机能。航海是对一个包含个人、仪器装置和实践扩展的复杂系统有机协调突现出来的。我们平常所认为的心理机能可能同样被证明是扩展的环境系统的特征,而人的大脑仅仅是这系统的重要部分"[1]。

目前,对于国外新出现的这些新进路来看,主要有两种划分,第一种是将涉身认知(本书采纳具身认知的翻译)和动力学假说理论视为并列的认知理论,理由是前者体现的是一种交互隐喻而后者是一种突现隐喻。第二种划分是将所有主张认知是身体在实时的环境中的相互作用活动的观点都视为具身认知,而将盖尔德所主张的无表征、无计算的智能体-环境强耦合认知系统视为一种激进的具身认知(the radical embodied cognition)。本书认为在当代相对复杂的认知理论研究局面中,动力主义模型的研究方法、研究理论都包含着对传统认知主义范式的批判,对符号、表征作为认知的核心地位的否定;都包含着认知主体如何与环境交互作用;把动力主义模型视为新的认知理论的研究纲领,理由是:

第一,从理论上看,动力主义模型完全体现了新的研究进路的基本思想。这个动力系统,从系统内部各个组成部分的交互作用来理解认知的形成、发展过程;都包括以下几个关键概念:①环境。即认知主体处在直接影响它们行为的环境之中,不存在传统认知主义意义上完全独立于环境的认知主体。②具身性。即"认知依赖于经验的种类,这些经验出自于具有特殊知觉和运动能力的身体,而这些能力不可分离地相连在一起,共同形成一个记忆、情绪、语言和生命的其他方面在其中编织在一起的机体"[2]。③交互性。知觉、心理的内在表征及环境总是处于不间断的动力演化过程之中。无论是强调环境还是强调具体的身体,都是在体现认知主体与世界交互的维度。④突现性(或涌现性)。认知的突现性是指认知作为系统的高层次属性以某种动力方式依赖于低层神经现象的突现结果。特别是精神和意识作为认知系统的不可还原的突现属性,还会自上而下地控制神经元的活动。

第二,从实践层面上看,动力主义模型为大脑、身体和环境之间的交互作用提供了一个更具有操作性的理论。在某种意义上,科学就像一把手术刀,试图在大自然的身体上寻找到它的分割点。"科学的目的就是试图在可观察的现象之下找到为这些现象奠基的真正的因果过程,科学总是试图将现象世界区分为因果上同质的状态和过程,因此,当科学获得了对现实更好的理解时,它们就

---

[1] Clark A. Being there: putting brain, body and world together again [M]. Cambridge: The MIT Press, 1998: 214.
[2] Thelen E, Schöner G, Scheier C, Smith L B. The Dynamics of Embodiment: A Field Theory of infant Perservative Reaching [J]. Behavioral and Brain Sciences, 2001, 24: 12.

会对现象产生一个更精细的分支。"[1] 这些新的研究路径都提到身体与实时的环境的交互作用，但是如何解释这个交互作用，还缺乏一个实践性的框架，交互隐喻也好，具身隐喻也好，它提供的都是一种理性主义的基本假设。例如具身哲学假定，我们对世界的概念化和范畴化是基于我们的具身认知方式的两面性，一方面是我们面向世界，与世界发生交互，认识世界；另一方面是世界面向我们，世界向我们呈现它的属性，从而我们反身性的反思自身。具身意味着意义是通过交互创造、操纵和改变的。但是问题是，意义是如何实现的。新的研究路径尽管有新的哲学思想，但还必须有一个可操作性的方法，因为我们对认知的研究已经不可能回到以前那种纯粹思辨的过程中去了。正如认知主义的计算隐喻，如果没有符号表征的数理推理，它就不可能取得如此瞩目的成就一样，新的认知理论如果没有可操作性的研究纲领，它也只可能停留在哲学家的思想推理之中，在认知科学中不会获得长足的发展。

首先运用动力学理论研究认知主体与环境之间交互性认知过程的是冯·盖尔德。在他的名作《假如认知不是计算：那是什么？》[2]（*What Might Cognition Be, If Not Computation?*）一文中，他一针见血地指出传统的表征框架忽略了认知发生的时间因素，忽略了大脑、身体与外界环境之间实时的适应性活动。他以瓦特调速器为例，提出认知过程不是孤立的表征，而是连续的过程，尤其是在动力系统中某类非计算的耦合过程。他运用动力学中的基本概念、基本理论以及动力学的函数方程式来解释认知主体与环境发生交互作用的认知过程，描述认知主体在状态空间中认知主体的认知轨线，以动力系统模型揭示认知的发生、发展过程。在另一篇冯·盖尔德和波特合著的文章《关于时间：认知的动力路径之概述》中，他们进一步阐释了这一研究方法，将动力系统理论与认知哲学中的具身路径相结合，认为认知系统并不产生于离散的表征，而是在大脑、身体和环境之间的连续性互动基础上的一个突现过程。[3] 这种数理逻辑的分析方法完全符合当代科学的追求，是一种可操作性、可实现性的路径。当然，运用数学上的动力学理论去解释人的认知，这也涉及一种隐喻，一种语义场的转换，它们之间的匹配程度有多少，是否能产生新的意义，这都还有待于进一步的探究。

---

[1] Adams F, Aizawa K. The bounds of cognition [J]. Philosophical Psychology, 2001, 14（1）: 51.
[2] Van Gelder T. What might cognition be, if not computation？[J]. The Journal of Philosophy, 1995, 92（7）: 345-381.
[3] Van Gelder T, Port R F. It's about time: an overview of the dynamical approach to cognition [A] //R. Port R, van Gelder T . Mind as Motion: Explorations in the Dynamics of Cognition [C]. Cambridge: The MIT Press, 1995: 1-45.

第三节 认知动力系统的构成

一、认知动力系统的构成要素

动力系统是数学上的一个概念，旨在用一组函数方程式来描述自然界中随时间变化而演变的某个系统或该系统中某个特征的情况，如星系变化、流体运动和物种延续等。一个动力模型包括三个要素：一为状态空间，它代表系统相关特征动态的所有变量；二为时间序列，它是系统演变过程中给定的时间间隔；三为函数方程式（或一组函数方程式），它描述了在某个确定时间的起始状态随时间变化而演变成的另一个状态。如果 X 表示所有可能发生的各种状态构成的集合，t 表示相关的时间间隔，动态规律用函数 $\phi t: X \rightarrow X$ 来表示，那么一个状态 $x \in X$ 随时间 t 变动而产生的状态就可以用 $\phi t(x)$ 来表示。在一个连续的时间间隔中，状态空间中所有的状态变量可以在几何空间坐标中产生一条曲线，这条曲线被称为系统的轨线。因此，动力系统的函数演化规则可以描述未来状态是如何依赖现在状态而产生的。在动力系统中，如何选择描述系统状态的参量至关重要。例如，动力系统中的经典例子——钟摆的晃动，其描述参量就包括钟摆的仰角和钟摆转动的频率，而且动力系统着重于抽象系统而非具体方程的定性研究，其研究方法也着眼于一组轨线间的整体性的相互关系。这种整体性有些是拓扑式的，也有些是统计式的，因此也能适用非线性的、混沌的多维系统。

20世纪90年代中期，动力系统理论在认知科学中的运用获得了广泛的认可。认知过程被理解为动力的、非线性的，且具有混沌的特征。学者开始将人类的认知视为一个动力机制的自组织，主张认知系统包括大脑、身体和环境等构成要素，强调它们之间的非线性交互模式。

1. 大脑在动力主义模式中的作用

在传统的计算表征模式中，大脑担负着指挥者、问题求解者的角色。脑就类似于计算机的CPU，是认知机制的运算核心和控制核心。它是通过对内在心灵表征信息进行提取、解码、计算和决策来进行问题求解的。而在认知动力系统理论中，智能被认为是从大脑与外界信息交互作用中突现出来的。大脑不是在孤立地处理表征信息，而是一系列认知事件状态的过程演化中的一个参与者。正如皮姆·哈泽拉格（Pim Haselager）指出的，"大脑不是作为一个指挥者，而是只作为旨在即席演奏一曲爵士乐中的演奏者;大脑不是作为一个问题求解者,而是作为一个即兴的演奏家;大脑不是利用内在信息处理、模型建构、计划和决策来关注问题求解(控制层的流线图),而是用一种基于感觉运动循环的方法与环境不断交互的"[1]。动力主义模型认为,大脑随时保持与外界的信息交流,并形成一种结构性的耦合以致不可能在感觉输入和运动输出之间存在独立的大脑的表征加工过程。因此,大脑在认知过程中的核心地位受到了动摇。

2.身体在动力主义模型中的作用

在符号主义中,心灵被功能化的理解为是一种信息处理模型,类似于计算机遵循清晰的规则对符号进行操控的软件程序。符号主义的三个基本要素包括:表征、形式主义和以规则为基础的转换。表征是外界与心灵之间的认知联系,它最终表现为符号。形式主义要求只关注符号的形式,而不关注符号的意义,它预设的前提是存在着独立于情境的、可辨识的、内在的状态或过程。而清晰的、明确的思维规则会保证一个认知状态可以向另一个认知状态转换。因此,符号主义构建的心灵剧场是在抽象层面实现的,完全排除了身体的作用。也就是说,身体和大脑的特性对人类的概念和理性不起任何作用。传统认知观中身体及身体的神经结构和身体的活动图示是没有价值的。因而它是一种无视身体的认知观。

而在认知动力系统理论中,智能是非表征的、身体性的和情境化的。身体不再是孤立的生理结构,或者仅仅被理解为信息输入–输出系统,而是心智的产生者或塑造者。"身体既是活生生的体验结构,同时也是认知的物理机制;身体既是'内在的'又是'外在的'。"[2]认知是在身体的生物物理层面实现的。莱考夫和约翰逊从认知语言学角度总结了身体在人类认知发展中有如下作用:①是我们的感觉运动经验和引发感觉运动经验的神经结构引发了我们的概念结构。②心理结构的内在性意义源于我们的身体和我们的具身经验的联系,而不是由无意义的符号来描述的。③基本层次的概念在某种程度上来自身体的运动图示和格式塔知觉和意象形成能力。④抽象概念的推理模式也来自身体的感觉运动过程,因为只有感觉运动区的激活模式投射到高级皮层区,才会出现概念化的抽象概念。⑤理性的基本推理形式仍然来自基于身体的感觉运动和其他基于身体的推理形式。身体的推理形式会隐喻地映射到

---

[1] 张铁山.复杂性视阈下的缘身认知动力系统研究[J].系统科学学报,2011,(5):52.
[2] 梅洛–庞蒂.行为的结构[M].杨大春译.北京:商务印书馆,2005:303.

推理的抽象模式上。①

3. 环境在动力主义模型中的作用

由于符号主义从抽象层面来理解认知，环境从一开始就被符号主义者认为是预先给予的，环境被表征为符号形式从而参与到抽象的认知机制中。环境的整体性、即时性属性被割裂为离散的、非即时的符号表征。而冯·盖尔德在创立认知动力系统理论之初就是为了批判传统认知科学研究范式的非即时性，他强调认知活动始终是处在实时的环境中的，不存在没有时间维度的认知过程。冯·盖尔德说："与其说认知过程是'无表征的'，不如说是'在某类非计算的动力系统中存在状态空间演化的'。"② 认知机制被认为与环境是耦合的，环境会持续不断的影响知觉、运动等输入－输出信息，影响认知过程的执行。威尔逊在对具身认知进行总结时，提到了6个观点，其中有3个与环境密切相关，包括：①认知是情境的。认知活动总是发生在一个真实世界的情境中，环境要么是在构建认知过程，要么是在促发认知过程。②认知工作下放到环境中。我们处理信息的能力是有限的，在认知过程中我们会本能地利用环境来减少我们的认知负担，环境也自然地为我们持有甚至操作信息，而我们只是在需要知道的时候才提取那些信息。③环境是认知系统的组分。认知与世界之间的信息交流构成了一个连续统，以至于心智不再是一个有意义的分析单元。③

二、动力认知系统与框架问题

本书认为虽然动力主义在关注认知过程的连续性、扩展认知过程和批判传统认知主义的表征计算模型等方面具有积极的作用，但是它也存在一些亟待解决的问题。冯·盖尔德的动力主义模型为我们提供了一个低维度（low-dimensional）的认知模型，或者认知过程某个方面的模型。它对认知是极其简单化的。但是，真实的认知过程却是无比复杂的，这种复杂程度使我们有理由相信认知过程通过低维度系统无法被精确、详尽的模拟，毕竟大脑中神经元数以亿计。如果一个真实系统本身涉及亿万个维度，即使是将其还原至几千个维度，都是对模型本身的一种简化。同时，如果我们试图运用动力认知模型描述

---

① Lakoff G, Johnson M. Philosophy in the Flesh: The Embodied Mind and its Challenge to Western Thouth [M]. New York: Basic Books, 1999: 77-79.
② Van Gelder T. What might cognition be if not computation? [J]. Journal of Philosophy, 1995, (91): 347.
③ Wilson M. Six views of embodied cognition [J]. Psychonomic Bulletin & Review, 2002, 9 (4): 625-636.

具身或者生成认知，我们所需要涉及的动力模型的参数和变量在规模和复杂程度上会急剧增加，因为此时动力学模型不仅仅要考虑脑内的过程，还要考虑来自身体和环境的影响，以及这些领域间各种各样的交互作用过程。对此，马可波罗·范·莱文曾警惕地指出，描述具身认知系统的模型时，由于其所涉及的相关影响因素的复杂性，从实践角度看，一旦它忽视了某个微小的因素，则会面临失败的危险。[1] 因此，系统应当如何界定及系统的参数、变量应当如何选择至关重要。因为它们关系到动力主义的具身性在消解传统认知主义框架难题的同时，是否能够名副其实地成为一个新的具有可操作性的模型，抑或还是仅仅停留在隐喻的阶段。就框架问题而言：

首先，我们从实践层面分析动力认知系统理论模型是否能够消解框架问题。

在认知科学中，框架问题是指为了解决常识知识难题，用以表征日常知识的数据结构问题。明确提出框架概念的是明斯基。明斯基在《表征知识的框架》一文中指出，当遇到一个新的情景（或者对当前问题的看法发生了实质性改变）时，人们会从记忆中选取一种结构，这种结构可以被称为框架，这个储存在记忆中的框架可以通过变更细节来适应现实情况。即框架是一种表征定势化情境的一种数据结构，如处于某个客体中或参加一个孩子的生日餐会。在框架中，有些信息是关于如何使用这个框架的，有些信息是对可能的继发事件的判断，还有一些信息是关于如果这些判断没有被确认则应该如何做。我们可以把框架看作是一个由结点和连接构成的网络。框架的高层是固定的，表征在某一情境中通常发生的事件。框架的低层有许多终端——需要被具体例子或数据填充的插槽，每一个终端对它的赋值都有条件（这些赋值通常是较小的子框架）。简单条件由记号标明，这些记号表明终端的赋值可以是人、满足某种条件的物，或指向某一类型子框架的标记。较复杂的条件可以用多个终端的赋值之间的关系来表达。多个相关框架的集合构成了框架系统，在系统中框架的转换反映了发生重大事件的影响……系统中的不同框架可以具有同样的终端，这一点非常重要，它使系统能够协调从不同角度收集到的信息。这一理论的现象学力量主要依赖于它所包含的期待和预设。框架的终端通常由缺省值填充，所以框架可能包含很多推测的细节。这些细节并没有得到具体情境的证实。框架系统通过信息检索网络互相联系。当一个框架不能适应实际情境时——也就是不存在符合终端条件的赋值时——它就会提供一个替代框架……当某一框架表征某一情境

---

[1] Van Leeuwen M. Questions for the dynamicist: the use of dynamical systems thoery in the philosophy of cognition [J]. Minds and Machines, 2005, (15): 295.

时，匹配过程就试图为每个终端赋值，与每一位置上的记号相一致。这个匹配过程一方面受到框架相关信息（包括如何处理意外事件的信息）的制约，另一方面它也受到系统对当前目标的认识的制约。①

德雷弗斯认为，框架问题的哲学基础可以追溯到胡塞尔的超验现象学。他认为胡塞尔关于客观世界构造中涉及的复杂形式结构的说明，已经预言了明斯基关于通过框架来表征常识知识的设想。② 胡塞尔把智能视为是依赖于情境的、以目标为导向的活动，或者说是对预期事实的搜索，而他所谓的意向对象不是指认知客体，而是认知主体借以认识认知客体的抽象的心灵表征结构，因此，意向对象提供了情境或期待的"内视域"（inner horizon），或者是对结构化数据的预先勾勒（predelineations）。按照认知科学的术语，意向对象就是符号表征得以运算的一个数据结构或者操作规则，"任何一个客体、任何一个对象（甚至任何一个内在的对象）一般都表明了先验自我的一种规则结构。先验自我作为它所表现的东西，通常也是作为它所意识到的东西，它表明这就是对同一个对象的其他可能的意识的一条普遍规则，而且有可能是一门本质上预先规定了的类型学上的一条普遍规则……先验的主体性并不是各种意向体验的一片混沌。但它也不是构造类型的一片混沌，因为任何一种构造类型都是借助其与意向对象的某个类或形式的关系而自组织起来的"③。德雷弗斯认为，胡塞尔的规则结构对应于明斯基的顶层，而胡塞尔的预先勾勒则被明斯基精确为缺省值。

但是，无论它们之间的关联如何，无论是哲学基础还是实际操作，框架对于认知的解释都行不通。海德格尔认为胡塞尔的意向对象的缺陷在于，在决定相关事实和特征时，忽视了外视域或者实践产生的背景。而这种外视域背景又是构成事物内视域的内在条件，因此不澄清这种背景知识，知识的形式化分析就不可能完成。④ 事实上，胡塞尔在其试图阐明日常事物的意向对象组成部分的研究中，也发现必须面对某一主体对世界的所有知识这个"外视域"的东西，"事物涉及一种无限的制约性观念；作为这样一些可能意识的那些可能对象的、在先前的预期中预先假定了的体系，本身也将是一种观念，并且也许能在实践上提供出一条原则，即通过不仅是对意识对象内部固有的那些视域，而且也是

---

① Minky M. A framework for representing knowledge// Haugeland J. Mind Design Ⅱ: Philosophy, Psychology, Artificial Intelligence [C]. Cambridge: The MIT Press, 1997: 111-137.
② Dreyfus H, Harrison H. Husserl, Intertionality, and Cognitive Science [C]. Cambridge: The MIT Press, 1982: 17.
③ 胡塞尔. 笛卡尔的沉思 [M]. 张延国译. 北京: 中国城市出版社, 2002: 72.
④ Dreyfus H. From micro-worlds to knowledge representation: AI at an impasse// Haugeland J. Mind Design Ⅱ: Philosophy, Psychology, Artificial Intelligence [M]. Cambridge: The MIT Press, 1997: 162

对外在地指示各种关联之本质形式的那些视域的不断揭示，把每一种相对封闭的构造理论与其他的一种理论结合起来。"①

同样框架的这种表征形式也面对相同的问题。框架的缺陷在于：它们不具有明显的语义特征；它们没有关于范围和界限的一般性理论；更重要的是，我们的普通常识信息并不属于任何框架。明斯基也意识到文化实践背景在认知中的作用，常识知识的结构并不是已经预先勾勒好的，我们对常识知识的结构和内容仍然知之甚少，即使是最小的常识知识系统也涉及因果性、发生过程、时间、地点和知识的类型等诸多方面，因此知识库的建立是一个异常庞大的工作，仍然需要做严格的认识论研究。②

从动力认知系统理论对于表征的排斥，我们似乎可以理所当然地认为其无需面对框架问题。但是，仅仅将认知系统界定为动力系统还不够，关键在于借助动力系统的数学形式体系描述我们的认知系统。真实系统是如何被刻画到其动力认知系统理论中的？当动力认知系统理论在表征真实的认知系统时，是如何选择其参量和变量的？何种类型的事物应当被描述在动力认知系统理论模型中？本书认为这一问题与传统认知主义的框架问题极为相似。

莱文认为，在冯·盖尔德的动力学假说中，有一个被大家普遍忽略的问题。冯·盖尔德的动力学假说提出了两种动力系统：一种是真实的动力系统（real dynamics system），它是一种随着时间而改变的具体的客体；一种是数学的动力系统（mathematical dynamical system），它是一种抽象的数学系统，能够用于描述真实的动力系统。一个确定性系统包括一个时间序列、状态空间和一系列描述系统行为的函数。当冯·盖尔德说认知系统是一个动力系统时，并不是说所有的系统都是动力系统，而是增加了一个方法论上的条件，即一个真实系统为动力系统时，仅仅因为该真实系统可以通过数学的动力学模型加以描述。从这一点看，本体论似乎附属于方法论。符号处理器和神经网络都可以被视为数学系统，但是在动力系统理论中更易于使用微分方程。这意味着一个系统是动力系统仅仅是因为该系统能够通过微分方程更好地对它进行描述。

马克罗·吉恩提（Marco Giunti）把真实动力系统与数学动力系统间的相互关系称为被例示化，即一个真实动力系统是数学动力系统的例示是因为在该种情况下数学动力系统正确地描述了真实动力系统变化过程的某些方面。这意味

---

① 胡塞尔. 笛卡尔的沉思 [M]. 张廷国译. 北京：中国城市出版社，2002：73.
② Minky M. A framework for representing knowledge// Haugeland J. Mind Design II: Philosophy, Psychology, Artificial Intelligence [M]. Cambridge: The MIT Press, 1997: 138.

着任何一个真实动力系统都可以部分的通过某个数学系统来描述。在模型中使用的理论框架的种类决定了解释的种类。吉恩提指出,真实动力系统与数学动力系统间例示关系是建立在以下三个条件之上的:①数学模式描述了真实系统变化过程的哪些方面;②是什么作为了对该方面的描述;③应按照什么标准判断既定的描述是正确的。[①]

因此,只有就必要的离散性特征而言,认知动力系统理论才被认为是计算主义的替代方案。其与计算主义的不同之处在于,认知动力系统理论主张认知系统在最根本的层面不是计算的,因为该框架包含着状态空间进化的必然性。而计算主义不包括状态的连续性,因此,无法提供系统行为的近似值。从这个意义上讲,由持续的激活层构成的神经网络不是离散的计算系统,而是需要通过动力模型进行描述。

就其广义而言,解释动力系统复杂性的一个最好的例子,就是气候变化。气候变化本身就是一个复杂的动力系统,它描述了大量变量间的相互作用,包括温度、风速、风向、大气压力、受到一周前气候条件的影响及另一个半球的气候的影响,甚至可能包括另一个大陆中毫不起眼的一只蝴蝶产生的影响,即著名的蝴蝶效应。一个完整和精确的模式应当包括每个因素,尽管它们对于系统初始状态的作用是微不足道的,但是对于系统的演变结果却至关重要。这是因为现象的非线性意味着即使是细微的遗漏都会导致模式的非零偏差,这个偏差随着时间的推移,将会产生极其不同的系统行为。

即使我们采用冯·盖尔德所提出的低维度的简化方法、变量消减策略,需要用于动力认知系统理论中的非线性系统的微分方程仍然极其复杂,且很可能由于其运算太过复杂而无法操作。求解这些微分方程的唯一可能性则极度依赖于寻找系统的初始状态,这对于混沌系统尤其重要。在混沌系统中,其任何参量值和变量值的微小变化都会使系统行为大相径庭。在人类认知这种巨复杂混沌系统中,我们如何决定其初始状态?我们从何处开始确定?我们该测量什么?我们要如何找到一系列恰当的方程式对认知现象进行建模,尤其是在认知现象比任何一种严格的抽象更为复杂、混沌的情况下?

伊利亚·史密斯认为,在动力认知系统理论中可以使用集总参数(lumped parameters)从而达到简化的目的。但是,对于认知动力系统理论而言,仍然存在问题。物理现象可以从微观角度进行描述,即通过分布参数描述;或者可以

[①] Van Marco L. Questions for the dynamicist: the use of dynamical systems theory in the philosophy of cognition, minds and machines [J].Minds and Machines,2005,15:271-333.

从宏观角度进行描述,即通过集总参数。工程关系通常都涉及集总参数。一个集总参数相当于相应分布参数的平均值。而作为一种平均值,它不会给我们提供与分布形式相关的任何信息。因此集总参数需要对系统内的分布方式做出一些假定,无论是明示或暗示的假定。[1] 上述对集总参数的定义表明,我们缺乏参数分布形式的信息及其假设。显然,在任何模型、计算和预测中,应当满足有限的精确性、非零误差范围,以及该模型的某种抽象程度。但是在运用这些模型进行解释时,被实现的抽象程度以及何种程度的错误估计应当是被考虑的关键性要素。因此,集总参数的运用,反而使得动力认知系统理论本身在解决诸如状态轨迹、吸引子和控制参数等概念的抽象性难题之外,还必须解决集总参数形式的抽象性问题。

其次,从理论层面上,动力认知系统理论所蕴含的具身性观念与动力系统理论本身所描述的系统特征发生矛盾。

按照具身认知假说所设想的,任何认知过程是嵌入到与其他过程形成的极其庞大的网络之中的,这些过程本身也会对动力认知模型施加影响。"如果我们想真正地了解大脑的认知活动,那么我们必须足够重视身体和环境的复杂作用;必须认为心灵不是内在模型和表征集聚的特殊内在场所,而是一个大脑、身体和环境整合、相互交织的复杂系统的活动过程。"[2] 动力认知系统理论认为,心智结构会受到身体与环境间动力交互作用的深刻影响,这种影响之深甚至会产生对心智结构的根本性改变。因为从认知动力主义观之,心智结构始终处于对身体的依赖以及与环境的交互之中,这种适应性动力过程始终存在,始终处于变化之中,它不是封闭的。这表明具身或者生成认知系统是一种开放系统。

但是,动力系统理论本身却是一个封闭系统。第一,在系统中,描述系统演化过程的动力学方程是确定性的,方程(常微分方程、差分方程、时滞微分方程)是非随机的,不含任何随机项。第二,系统的未来(或过去)状态只与初始条件及确定的演化规则有关,系统的演化完全是由内因决定的,与外在因素无关。也就是说,借助动力系统理论方法解释认知过程的目的与动力系统理论这个方法之间是背离的,封闭系统的确定性怎么可能解释开放系统的变化性呢?因此,认知动力主义理论所提供的认知模型,仍然存在着大量需要进一步研究和探索的问题。

---

[1] Eliasmith C. The third conterder: a critical examination of the dynamicist theory of cognition [J]. Philosophical Psychology, 1996, 9 (4): 441-463.
[2] Clark A. An embodied cognitive science?[J]. Trends in Cognition Science, 1999, (3): 346.

三、动力认知系统与隐喻方法

传统认知理论在阐述各自的认知观时，通常会借助隐喻方法。例如，认知主义借助计算隐喻，从功能主义的观点出发，把人的心智比喻为计算机，其具体推理过程为：①把客观世界形式化的问题转换为人类认知功能的形式化问题；②人类认知功能的形式化可以通过一定的计算层次进行描述；③所有的这些计算层次都可以被计算机模拟大脑信息处理程序物理地实现。目前，认知动力主义采用的是突现隐喻，即以自组织的突现特征来设计认知模型，这种尝试被认为是联结主义理论与认知动力系统理论的联姻，如遗传演化与群体的非经典计算理论模型、模仿个体神经元的化学和空间特性的实验研究等。由于突现性是以系统的某种方式依赖于低层现象的高层结果，通过低层神经网络的联结作用而达到复杂的认知效果，因此神经网络可以被当做神经动力系统。但是，如前所述，认知动力主义模型往往需要几百个参数来代表输入和输出的神经元，这无疑会导致系统参数和状态空间的维度大大增加，使得动力系统的数学化变得难以把握。因此，到目前为止，认知动力系统理论还缺乏成功的解释模型，这里就产生了一个"隐喻问题"：认知动力系统理论是关于认知机制的一个方法论还是仅仅是对认知做出了隐喻性的阐释？

从广义上讲，隐喻作为一个对比方法，当然是方法论的一种。但是隐喻涉及本体和喻体两个语义场的转换，因此在适用隐喻时，关注点是本体与喻体的相同点，它们的不同点被忽略了，而这些不同点有可能是基本特性、适用的基本规则等。例如，我们通常用太阳系中行星围绕太阳运行来解释原子中电子围绕原子核运行这一事实，认为它们的运行是类似的。但是，如果将电子的运行与行星的运行轨道等同就大错特错了。因此，隐喻的适用必须谨慎，需要限定严格的条件。那么，认知动力系统理论是否还只是一个隐喻呢？伊利亚史密斯认为，认知动力系统理论总是借助预测在抽象的相似性上解释认知过程，很少论述认知动力系统理论的特征与真实的认知过程的特征具有哪些确定的、清晰的和严格的联系，因此认知动力系统理论还停留在隐喻的位置。[1]

莱文也认为，认知动力系统理论还不能成为一个严格的方法论，并提出了四个原因，包括认知动力系统理论的定性描述、几何学形式、使用低维系统以及非实例化，具体如下：

---

[1] Eliasmith C. Minds as a Dynamical System, Master's Thesis [M]. Ontario：University of Waterloo, 1995.

第一，当动力认知系统理论用于定性描述时，即大多数表征关注的是某个过程动力学的定性特征。这或许有助于使用动力认知系统理论对现象性内容进行建模，但是所选值具有什么样的意义，我们仍然不清楚，尤其是混沌系统又极度依赖于这些值的初始条件，如果值选得不恰当，其结果就会出现严重的分歧。

第二，该认知动力系统理论模型的几何学形式。一方面，一个状态空间仅仅隐含地包含着一个时间指示者（temporal designator），因此在许多情况下，它就是对于系统的以时间为基础的动力学的一个较含糊的表征。另一方面，一个时间序列（在每个测量点上一系列变化的值）能够很好地表示这种动力学，但是在表征变量的相互关联性时，其清晰度降低了。

第三，如前所述，动力系统理论通常只是用几个少量的维度来对系统进行建模，但是人类大脑是一个极其高维度的系统。虽然部分原因是出于方法论上的必要性，以避免复杂性中不可操作的层面，但是这种从真实系统到模型的维度的减少很可能损坏模型在表征上的准确度。

第四，在某些情况下，方法论假定也会导致隐喻问题。西伦和史密斯关于动力认知系统理论模型的论述就证明了这一点。他们指出，构成过程和系统本质的复杂性会被整合为一个更高层次的、更加抽象的元系统（meta system），例如行为，那么这个元系统可以通过动力认知系统理论进行刻画。这就意味着动力认知系统理论没有提供任何特定状态的实例。他们的进一步的解释让情况变得更糟，他们认为，由动力认知系统理论所建模的行为（他们所选择的是一种以动机为基础的行为）是一种普遍化的行为——模型中再现的模式位于真实系统之中，而作为基础的、支持性的或构成性的子系统（包括引导行为的所有认知过程）的复杂性被有效地简化了——在我们能够发现及能够测量的层次上从微观系统的高纬度简化为行为的低纬度。这表明被建模的行为的特征状态存在于子系统的复杂性中。

莱文认为，增添动力认知系统理论隐喻特征的更为重要的一点是，使用认知动力系统理论无法区分直接的实现者与被实现者的关系、主导的高层次过程与附随的低层次行为间的奴役关系，以及互反关系。尽管动力认知系统理论赞同具身认知试图对整合自然主义以及非还原论题的整合观点，且通常认为在具身认知中，互反关系能够被例示，但是动力认知系统理论仅仅是一个假定，仅仅是一种功能性描述。

当然，莱文对于如下观点似乎是赞同的。西伦和史密斯认为，动力认知系统理论提供的概念是有用的，因为它们具有普遍的适用性。动力系统理论的抽象性使得研究者可以发现不同模式，从而对以前认为是孤立的不同领域和层次进行比较。也就是说，动力系统理论作为一种纯粹的数学形式体系能够运用于任何领域，只要该领域内存在适当的动力学过程。而形式体系是不受任何本体论限制的，远远超越了适应性假设所包含的范围。此外，在使用动力系统理论建模的过程中，该过程的动力学中立于它所表征的对象，因此这种同构性可能导致一个有说服力的解释性联系，例如，现象性想法和神经活动间的联系。因此，从这个角度上说，西伦和史密斯认为作为隐喻的动力认知系统理论足以成为一个有用的理论。①

我们认为，在隐喻和方法论的分歧中，当喻体与本体的根本特征、本质吻合时，阐释性的隐喻是可以发展为严谨的方法论的。因此，对于认知动力系统理论是否还仅仅是一种隐喻这个问题，我们要用一种开放的、发展的态度来对待，我们不能因为目前还没有成功的动力模型，就断然否认它会成为一种方法论。我们还认为，这只是一个次要问题，重要的问题是认知、心智的本质是什么。纵观20世纪以来认知科学的发展史，无论是符号主义、联结主义还是动力主义认知范式，它们都是在对什么是认知的基础性假设之上提出的认知学说。传统的符号主义基础性假设是："世界有一种预先给予的特征集，这些特征能够以'世界之境'的形式得到表征，对世界的理解首先表现为我们借助符号化的表征系统进行问题求解的过程……因此，认知的本质可以完全聚焦于有机体的内在认知过程来理解。"②而动力主义的基础性假设是："思想首先产生于有机体在其环境中的意向性行为能力，更确切地说，意味着有机体通过控制自身环境并采取一定的行为，从而发展出一种基于感知和运动能力的对世界的基本理解，这种理解是朝着更复杂的高等认知过程迈出的第一步，没有这些行为的实现机制就没有思想和语言的产生。"③目前，这两种假设的对立性被认知发展的层次消解了：动力主义模型被认为是低层次的感觉运动认知，且存在于所有认知层次之中；符号表征模型被认为是高层次的语言认知，且被所有低层次认知层次贯穿。这两种模型的结合、调整成了当前认知科学中新的研究进路。因此，对心智是什么的不同回答，必然会产生新的研究方法，有助于我们了解心智在不同维度中的特征。

---

① Van Marco L. Questions for the dynamicist: the use of dynamical systems theory in the philosophy of cognition, minds and machines [EB/OL]. Sprigner, 2005: 302-303.
② 刘晓力. 交互隐喻与涉身哲学——认知科学新进路的哲学基础 [J]. 哲学研究, 2005, (10): 78.
③ 刘晓力. 交互隐喻与涉身哲学——认知科学新进路的哲学基础 [J]. 哲学研究, 2005, (10): 78.

第四节 认知动力主义蕴含的问题

　　认知动力系统的耦合机制和突现属性对传统认知理论中的表征计算进行了批判；进而认知被视为一个动态过程，认知本身被视为一个复杂系统，从而引发了人们对认知边界的思考；当我们说认知是一个复杂系统时，就已经预设了系统内部是有层次的，系统是分层的。这种层次与突现的特征为心灵因果性的难题提供了解决方法。这三个方面环环相扣，本身就具有内在的逻辑性。

　　首先，阐述认知的表征与非表征问题。这一问题是其他问题产生的基础，正是因为认知动力主义的反表征立场，才进一步导致了认知边界问题、突现问题以及因突现而导致的心灵的下向因果关系，因此，本书首先阐述它。传统认知主义坚持表征立场，其核心观点心智就是计算正是建立在心理表征的概念之上的，具体包括：人类认知活动的状态以符合表征的形式存在；人类认知过程就是针对这些符号或表征的规则进行转换或计算。认知动力主义则反对这一观点，认为认知是认知复杂动力系统内部实时的彼此适应性的过程，是诸多系统组分互相作用突现的结果，而这种适应性过程、突现过程是不需要表征的。这两种观点孰优孰劣，需要进行辩证的分析。

　　其次，分析认知动力主义中的环境以及认知边界问题。这两个问题紧密相关。认知动力主义否定了表征在认知中的地位，将环境、具体的身体纳入认知复杂系统中，就必然涉及对环境的重新审视。环境本身和脑一样获得了认知复杂系统组分的地位，因此环境在认知过程中的作用、环境在认知空缺中具有的两种表现形式从此展开。正是因为环境突破了原来认知主义对其的定位，认知的边界被扩展了，这种扩展了的认知边界对于认知标准、认知的本质理论会产生何种影响，也就成了新的问题域。

　　最后，论证认知动力主义和心灵因果性问题。当认知被视为一个复杂系统时，认知复杂系统内部的层次和突现机制也就成了研究的问题。复杂系统的层次为心灵哲学建立了心灵与身体间垂直的高层次和低层次的关系，这样一来心灵就被视为认知动力系统的高层次的突现属性，高层次的心灵会约束、制约作为低层次的神经元生理活动，心灵的下向因果性得以建立。从而在维护物理世界因果封闭性原则的前提下，解释了心灵到身体的原因力。

第二章 认知动力主义的非表征问题

表征在认知过程中的作用,是动力主义和传统认知范式之间的一个基本争论,该争论可以表述为如下命题,即符号表征是否是认知的必要充分条件。20世纪中后期,人工智能的创立和发展正是奠基于符号表征理论的发展。纽维尔和西蒙所提出的"物理符号系统假设"认为,"所有的认知过程在本质上都是在离散的时间中对符号表征的计算"[1]。在"物理符号系统假设"之下,认知被认为是对符号表征进行操作、运算的过程,尤其是语言作为一种最为典型的表征形式,代表了人类心智发展的水平,因此,认知科学研究一开始就将研究的重点放在了高水平的语言阶段,完全摒弃了人类智力发展过程中非语言的思维水平,主张认知就是基于明确的概念而进行的逻辑推理、假设、计划、做决定和问题解决等。

20世纪80年代以后,随着传统认知范式所逐渐暴露的局限性,一些学者开始提出了新的研究路径。在这些新路径中,对于符号表征这一传统认知理论的基本概念的争论最为热烈。例如,主张具身认知理论的瓦雷拉提出,表征观念不仅遮蔽了人类经验中许多认知的基本维度,而且妨碍了人们对这些维度的科学解释。[2] 人工智能研究领域的著名学者布鲁克斯也持相同的观点,他认为,

---

[1] Newell A, Simon H. Computer science as empirical enquiry: symbols and search [J]. Communications of the Associatin for Computing Machinery, 1976, (19): 113-126.
[2] Varela F J, Thompson E, Rosch E. The Embidied Mind: Cognitive Science and Human Experience [M]. Cambridge: The MIT Press, 1991: 134.

目前以现有的计算机理论体系为基础的人工智能并没有反映出生物系统的智能，人和其他动物是通过学习来改变他们的行为以更好地适应环境从而去进行认知活动的，因此，他主张我们应当沿着进化的阶梯自下而上地寻找智能的源头。而当我们对简单、低等智能进行研究时，就会发现关于世界的清晰的符号表征和模型事实对了解认知起到了阻碍的作用，研究认知最好的方式是以世界本身作为模型。[①]动力主义学者认为，智能行为是身体感知与行为共时协调的适应性结果。在认识过程中，身体内部的神经机制与环境在运动中彼此构建。认知作为一个动力系统，是在不断地重新组合过程中形成的一种自组织，并不依赖于任何抽象形式的、脱离环境和身体感知的表征和计算。因此一个认知的动力模型应当是无表征的。冯·盖尔德认为"表征概念对于理解认知是一种不充分的东西"[②]；西伦和史密斯也宣称，我们根本无需建立表征[③]；甚至有些哲学家根据动力系统的认知理论提出了一个"激进的具身认知论题"（the radical embodied cognition thesis），该论题认为结构的、符号的、表征的和计算的认知观点是错误的，研究具身认知的最好观念是非表征和非计算的，而研究和解释它的最好方法是使用动力系统理论的工具。[④]因此，就动力主义完全摒弃表征的立场而言，动力主义又被一些学者称为激进的具身认知观。

本书认为，尽管传统认知理论的绝对地位受到了挑战，符号表征这一概念也不断地受到质疑，但是就如那些反对表征的学者所提出的那样，人类认知在发展过程中有不同的阶段，不同的维度。我们在充分认识我们的那些更初级的、更简单的认知发展水平时，不能忽视人类认知的这种高级的进化水平，而这些高级认知正是通过符号表征来实现的。如果因为反对传统认知理论，而盲目地将符号表征概念做粗暴的一刀切，那绝不是明智的做法，也会阻碍我们真正理解我们的认知。

由于在第一章中已经详细阐述了认知主义的表征理论，所以此处不再累述。此处需要重申的是符号表征是认知主义的核心观点。通过将认知过程转换为符号表征的操作，我们才开始有了科学的可操作、可检测性的方法并用其去研究认知，才真正开启了人类理解人类认知的大门。虽然符号表征的观点受到了新

---

① Brooks R. Cambrian Interlligence: The Early History of the New AI [M]. Cambidge: The MIT Press: 1999: 80-81.
② Gelder T, Port R. Mind as Motion: Explorations in the Dynamics of Cognition [C]. Cambridge: The MIT Press, 1998: 6.
③ Thelen E, Smith L B. A Dynamics System Approach to the Devleopment of Cognition and Action [M]. Cambridge: The MIT Press, 1996: 338.
④ Clark A. The dynamical challenge [J]. Cognitive Science, 1997, 21 (4): 461-481.

的认知研究范式的冲击，但是它所具有的重大意义仍然存在。新的研究路径目前也仍然是在对其进行修正、弥补的基础之上进行的，它作为一种确实可行的研究路径仍然没有被颠覆，或推翻。

本书将从三个方面对非表征问题展开论述。首先，以盖尔德的瓦特调速器和布鲁克斯所建造的无表征的智能机器人为例，分析认知动力主义的无表征耦合机制。其次，从脑的进化、人类智力的发展阶段来看，阐述符号表征在认知过程中的地位。最后，就表征问题，提出相应的观点。

第一节 认知动力主义的非表征模型

以盖尔德、比尔、西伦和史密斯等为代表的认知动力主义者认为，一个动力模型应当是无表征的，认知的动力系统刻画了智能体与环境的实时的适应性活动，正如普利高津所说的，它是一种处于非平衡态的开放系统。在认知动力主义理论下，认知是一个复杂动力系统，认知发展就是认知系统组分之间的动力耦合过程，它是许多离散的和局部交互的涌现结果。本书选取了盖尔德的"瓦特调速器的动力学模型"和布鲁克斯的"无表征人工智能模型"两个案例，具体说明认知动力主义基于认知耦合机制的反表征立场。

一、盖尔德的"瓦特调速器的动力学模型"

盖尔德以瓦特离心调速器的例子来说明认知的动力耦合机制。在瓦特的蒸汽装置中，调速器和蒸汽装置是连接在一起的，假设我们首先分别将它们两者视为动力系统：在引擎系统中，关键变量是引擎转速 ω，它在调速器系统中是该系统的参数；在调速器系统中，关键变量是摆摇臂的臂角 θ，它在引擎系统中是该系统的参量，由于调速器的变化直接影响到引擎系统的变化，它们之间的这种变化机制就可以表示为

$$\frac{d^2\theta}{dt^2} = n\omega^2 \sin\theta\cos\theta - \frac{g}{l}\sin\theta - r\frac{d\theta}{dt} \qquad (1)$$

式中，θ 是臂角，n 是一个耦合常数，ω 是蒸汽机速度，g 是引力常数，l 是臂长，并且 r 是摩擦常数。如果存在瞬间臂角的话，那么这个公式说明臂角的瞬间加速度。只有 θ 这个臂角是这个公式中的一个变量，n、ω、g、l 是参数。这个公式的解决办法详细说明了一个状态空间，并且如果存在这些变量值，那么这个

空间的轨道就能够预测未来瞬间的加速度和臂角。当这个调速器的行为和节气阀联结时能够通过下面更复杂的公式得以说明

$$\frac{d^n \omega}{dl^2} = (\omega, \cdots, \tau, \cdots) \qquad (2)$$

这个公式把引擎系统中速度的变化 ω 描述为调节器的一个函数，即是臂角 θ 的函数，正如 ω 是公式（1）中的一个参数一样，θ 是公式（2）中的一个参数。也就是说，要实现动态稳定的平衡，θ 和 ω 就不可能作为完全外在的参数出现在各自的系统中，它们之间通过不间断的适应会在 θ-ω 相空间中最终出现一个稳定点。所以，我们应当把这两个动力系统作为耦合系统。

盖尔德认为，按照表征计算范式，瓦特调速器的调速过程会被视为几个离散的、序列的算法过程：①比较调速轮的速度；②比较实际转速和预定转速；③如果没有误差，则返回第①步，如果有误差，则测量当前蒸汽压力—计算蒸汽压力的预定调节量—计算必要的节气阀的调节—进行节气阀调节—再返回第①步。这个算法序列涉及感知—计算—行为的循环。盖尔德认为，真实的瓦特调速器的调节过程并不是按照表征、计算的程序来进行的，而是通过系统之间的耦合机制实现的。

同理，盖尔德认为认知过程也是这样，正如表征在解释瓦特调节器系统的动力过程时是失败的一样，认知不是按照表征计算范式的预设，经由感知环境、形成内部的心理表征、对表征进行计算并按照计算的结果执行行为。认知主体与环境也形成了一个耦合系统，人的认知行为不可能脱离环境，觉知不可能是一种单纯的输入过程，不仅仅是一种内部的心理表征的产生、转换，它必然与运动输出相关联，认知是在觉知－运动间不断的运行回路中完成的，它必然是在外部世界与身体相互作用的感觉－知觉－运动的耦合中产生的。

二、布鲁克斯的"无表征人工智能模型"

早期人工智能的目标是通过机器实现、复制人类所具有的智力水平。但是，随着对人类智力水平的深入了解，人工智能不再将实现整体层面的人类智力水平作为其目标，转而对专家系统进行研究，即模拟人类在某个特定方面所具有的智力水平，例如表征知识的方法、自然语言的理解、视觉或其他专有领域。一些人工智能学者认为，当我们理解了人类智力所有的专有领域，我们就可以拥有真正的智能系统。

但是布鲁克斯却认为，人类的智力水平太过复杂，就现阶段将其智力分解为适当的子部分而言，我们仍然毫无头绪，即使我们将其正确的区分，也无法知道它们之间确切的界面。因此，我们只有在更简单的智力水平上进行无数次的实验，才可能分解人类的智力。基于这样的思路，布鲁克斯提出以一种增量的方式（an incremental manner）来建造智能体的思路。所谓增量是指以逐步递增的方式来建造智能系统的能力，其每一个层级本身就有一个完整的系统，以确保该部分以及它们的界面是有效的；同时，每个层级都通过真实的感知和真实的行为与真实的世界发生作用。布鲁克斯希望建造与人类共存于世界的人工创造物，它是完全自主的能动的行动者，这些行动者通过控制整个系统的不同层级直接与环境作用。具体而言，其建造的智能体应当满足如下四个要求：①该创造物必须能适当地并及时地处理其动力环境条件中的变化。②该创造物就其外部环境而言应当是结实坚固的，世界的属性的微小变化不会导致该创造物行为的整体性坍塌，且随着环境的改变，该创造物能够逐渐改变其能力。③该创造物应当能够维持多个目标，依赖它所发现的自己所处的环境，更改它所积极追求的特定目标；也就是说，它既可以充分适应周围既有的环境，又可以利用偶然出现的环境。④该创造物在世界中应当能够做一些事，它的存在应当具有某种意义。[①]

在人类智力的分解问题上，布鲁克斯对以功能为标准进行分解和以行为为标准进行分解这两种方式进行了比较。布鲁克斯认为前者的划分标准是智能系统的传统观点，即认为智能系统由中枢系统和外围系统构成，外围系统又可以区分为输入系统的知觉模块和作为输出系统的运动模块。知觉模块传递关于世界的符号描述，而运动模块则获取意象行为的符号描述并确保它们在世界中发生。中枢系统则是一个符号信息处理器。通常，知觉研究和中枢系统的研究是由不同的研究者进行的，它们之间符号界面的形式并不清楚。同时中枢系统的研究也被分解为更小的子部分，如知识表征、学习、计划及推理等，这些模块之间的界面同样难以界定，此外，当以功能为智力的划分标准时，我们必须选择该特定功能模块的输入和输出，还需要一长串的模块去联结知觉和行动，这无疑增加了工程上的困难。

布鲁克斯的增量方式是以行为为标准对智力进行分解的，他认为智力系统根本的切片是以垂直的方向将智能分为行为产生子系统（activity producing

---

[①] Brooks R A. Intelligence without representation [J]. Artifical Intelligence, 1991, (47): 139-159.

subsystems）。每个行为产生系统都单独连接着感知和行为。他将一个行为产生系统视为一个层级（a layer）。行为则是与世界交互作用的模式，每一层都必须自己决定何时做出行为，而不是其他层所引发的子程序。布鲁克斯以他们所建造的一个移动的机器人为例。该机器人在移动时能够避免撞击到其他东西。它能感知其紧接相邻区域的物体，并绕开该物体而运行，当它感觉到有东西在它的路上时，它会停下来。尽管建造该机器人仍然需要将它分解为各个部分，但是却不需要明显地区分知觉系统、中枢系统和行动系统。事实上，只需要两个独立的途径将感知与行动相联结，一个是产生移动，一个是紧急停止。因此该机器人并没有传统意义上的知觉——用以传递关于世界的表征的单独空间。布鲁克斯还按照增量的方式，在第一个系统上添加一个平行的系统层进行实验。该新的系统层可以直接接入感受器，并就所传递的数据运行不同的算法。原有的第一个自治的系统层仍然平行的运行，且不知第二个系统层的存在。他们在上述避免撞击物体的机器人之上，增加了一个系统层使该机器人可以拥有试图去参观远处的可见地方的行为。第二层向第一层的运动控制部分发出指令，指挥机器人朝着目标前进，但是独立的第一层可能会使机器人转变方向，避开之前没有看见的障碍（第二层没有看见的障碍）。第二层则控制着机器人的进程，发出最新的运动指令，在没有明显知晓障碍物的情况下达成它的目标——对于障碍物的觉知是由第一层处理的。①

布鲁克斯将这种以增量方式一层一层增加的系统构成等称为包含构架（subsumption architecture）：①在该包含构架中的每一层都是由简单的有限状态机的固定的拓扑网络所构成的。每一个有限状态机都有一个状态，1～2个内存储器、1～2个内计时器，并能够与简单计算机联结——该简单计算机运行诸如矢量和之类的计算。在这些有限状态机之上并没有中枢式的控制机制。因为，这些有限状态机是由他们所接收的信息所驱动的。信息的获得或者指定时间期限的到期会使有限状态机改变其状态。有限状态机可以获取信息的内容、通过可预测的有条件的不同状态的下分支指令测试该信息，或者将它们传送到简单的计算成分中。在它们的运行机制中，并不可能获取全局信息，或者建立动态的交流联结。所有的有效状态机都是平等的，同时它们也无法脱离其固定的拓扑连接。②各个层之间通过抑制（suppression）和压抑（inhibition）机制相结合。每新增加一层，新的线路就会侧接在已有的线路旁边。每个侧接都有一个

---

① Brooks R A. Intelligence without representation [J]. Artifical Intelligence, 1991,（47）: 139-159.

预定的时间常数。抑制机制适用于侧接发生在有限状态机的输入端。如果到达线路网络的信息指向有限状态机的输入，即使它已经到达已有的线路，所有已有线路的新信息仍会在特定时间期限内受到抑制。反之，压抑机制则是对于侧接发生在有限状态机的输出端而言的。新线路中的信息会在特定时间期限内压抑已经发送到已有线路中的信息。

具体而言，按照上述方法和机制，布鲁克斯等制造的机器人拥有以下三层（该机器人下面有一圈 12 个超声波声呐作为其最初的传感器，这些声呐每秒钟会进行 12 个径向深度测量）：

（1）最低层使得机器人可以避免碰到其他物体，包括静止和运动的物体，甚至是积极地袭击它的物体。该层被称为声呐有限状态机（the sonar finite state mechine），它仅仅运行声呐装置，并在每秒内发送一个被转换为极坐标的地图。该地图被传送到撞击和感受力有限状态机（the collide and feel force finite state mechine）中，此时，它仅仅是观察是否前方有物体，如果有物体，它就向负责机器人向前运行的有限状态机发出停止信息；如果此时该有限状态机不处于正确状态中，该信息就可能被忽略了。同时，其他有限状态机会根据平方反比定律计算机器人所遇到的排斥力，即每个声呐返回都被视为存在一个相排斥的物体。每个声呐加起来会对机器人产生一种整体性的力量。该输出结果会传送到使该输出结果达到阈值的逃跑有限状态机（the runaway finite state machine），并传送到转向有限状态机（the turn finite state machine）——该有限状态机使机器人直接避开总和的排斥力。最后，向前有限状态机（the forward finite state machine）使机器人向前运行。当机器人在运行过程中时，无论何时收到停止信息，它都会停止。

（2）第二层是在没有忙于应对躲避物体时，使机器人可以四处闲逛的有限状态机。该闲逛有限状态机（the wander finite state machine）可以大约每十秒使机器人进行随意的运行。躲避有限状态机（the avoid finite state machine）将该运行作为一个引力，并将它与声呐所计算的排斥力相加。该结果会抑制更低层的行为，使得机器人移动的方向靠近闲逛有限状态机决定的方向，同时还会避开所有障碍物。当然，如果转向和前进有限状态机正在使机器人运行，那么新的关于闲逛的脉冲就会被忽略。

（3）第三层旨在使机器人能够探索，它会寻找遥远的地方，并试图到达该地方。这个层会压抑闲逛层，并观察最低层如何使机器人转移，并更正产生的背离从而使机器人到达目标。当机器人没有忙于移动时，看有限状态机（the when look finite state machine）会发出通知，并启动自由空间搜索者有限状态机（the free space finder finite state machine）。同时它会压抑闲逛行为，以确保第三层的观察仍然是有效的。当路线观察完毕，它就会发送到路线计划有限状态机（the path plan finite state machine），由该有限状态机向躲避有限状态机发出一个指令性方向。在该路线方向上，最低层的躲避物体仍然起作用。这可能导致机器人运行的方向会不同于原先预想的路线。鉴于此，机器人真实的路线是由整合有限状态机（the integrate finite state machine）所控制的，它会将更新的估算发送到路线计划有限状态机。整合有限状态机事实上通过协调机器人在躲避障碍物时所通过的真实路线而促使了机器人朝着预想的方向运行。[①]

布鲁克斯在总结他们所建造的机器人时，得出了一个未曾预料的结论以及一个相对激进的假设。该结论是：当我们在检验非常简单的智力层时，我们发现关于世界的清晰的表征和模型阻挡了我们的路。我们最好以世界本身作为模型。该假设是："在构建智力系统最庞大的那一部分时，表征是错误的抽象单元。"[②]这是因为：首先，低层的简单行为能使建造的智能体逐渐获得对其所处环境中危险的或重要的变化的反应能力。无需复杂的表征、不必维持该表征并对其进行推理，这些行为能够足够快地被做出以满足其目标。对环境始终保持开放的、即时的感觉状态是其关键。其次，由于层次较多，传递表征的知觉概念变得模糊，尤其是操作知觉的系统部分被分散为许多部分，这些部分之间没有通过数据路线或者功能相连接。同时也没有一个明显的地方进行知觉的输出，感受器数据的所有不同种类的处理都是独立、平行地进行，它们都通过不同的控制渠道影响系统的整体行为。因此，外部世界属性的任何变化并不会导致系统行为的整体崩溃。再次，每个控制层本身的目标是隐式的。因此它们都是积极地，平行运行并能够与传感器相连接，所以它们能控制外部环境，并决定它们目标的恰当性。最后，智能体在较高层上的目标上也是隐式的。并不存在明确的目标表征，因为没有中枢或分布式处理层为智能体决定下一步要做什么。

对于布鲁克斯所构建的无表征智能，我们必须注意布鲁克斯在提及这种无表征智能时所适用的语境，即简单的智能层面。事实上，布鲁克斯在《无表征的智能》一文中就提到过，这种机器人的智力水平只是接近于昆虫的智力水平。在提及人类智能时，布鲁克斯虽然提及人类的许多行为仅仅是通过无表征的机制对世界做出反应，但是这种简单的智能水平是否就是囊括了人类的所有

---

① Brooks R A. Intelligence without representation [J]. Artifical Intelligence, 1991, (47): 139-159.
② Brooks R A. Intelligence without representation [J]. Artifical Intelligence, 1991, (47): 139-159.

智力水平呢？表征是否从人类的智力发展水平中被排除？布鲁克斯并没有做这样的断言，他的研究也仅限于简单的低层智力，并没有提及语言。因此，本文将布鲁克斯的研究作为扩展人类认知维度的例示，而不是否认表征作用的例示，下一节中会详细阐述，人类的智力发展过程，尤其是语言表征对于人类的重大意义。

第二节　表征在心智发展中的证实

动物学家詹姆斯·古尔德（James L. Gould）和卡罗尔·古德尔（Garol Grand Gould）在研究动物心智时，这样提出过人与动物在认知上如何区分的问题："虽然先天的信息加工，本能的行为、内在的和谐协调的动机和动力，以及固有导向性的学习，都不失为动物认知的基本要素，但它们却不像是与思维、判断及决策等相关的更深奥的精神活动王国的一部分。那么思维究竟是何物？我们又怎样认识其在其他生灵最为隐秘的器官——脑——里是如何工作的呢？一方面，我们习惯于相信真实思维贯穿于审美、道德及决策行为之中；另一方面，至少在某些动物中，精致的编程能够建立似乎是思维的错觉。有什么行为准则能使我们将两者加以区别呢？"[①]笛卡儿认为人和动物之间有一个质的不同，那就是语言，动物都只是一些自动机，没有人类所独有的自我意识。动物之间通过相当有限的符号词汇来交流信息，但无言语可言。人类以理智为导向，动物则凭借本能。因此，笛卡儿认为人类语言是人类灵魂的活动。

从进化论的观点看，物种是进化的，物种具有的能力、特征、属性也是在进化过程中逐渐形成的。因此，人类的认知能力也是进化的。人类认知能力进化的特殊性在于它不仅仅是一种漫长的生物机体上的演化，也是处于延绵的历史文化中的社会性的演化。因此，人的认知能力既是一种生物的适应性机能，也具有社会性，它是在人与人之间的社会交往过程中形成并发展的，带有人类社会历史文化的烙印。已经有学者对这两方面进行了开创性的研究，著名的心理学家皮亚杰就是从生物适应性角度论述的认知能力的进化，而同为杰出心理学家的维果斯基则从社会历史文化的角度阐述了认知能力在社会性方面的进化。

如果我们接受了物种的进化论，那么我们必须面对的问题就是动物的智力是如何进化为人类的智力的？它的基础是什么？因为，显然在物种谱系上，虽

[①] 詹姆斯·古尔德，卡罗尔·古德尔. 动物的心智. 转引自威廉·卡尔文. 大脑如何思维——智力演化的今昔[M]. 杨雄里，梁培基译. 上海：上海世纪出版集团，2007：10.

然猿、猩猩也能拥有诸如安慰性的触摸、流露出某种情感和欺骗其他物体的能力，但是这些能力显然与我们的语言能力还是有质上的不同。因为有语言能力，我们能够比喻、类比及推理，我们能够提前计划、为未来构思蓝图，并结合各种偶发因素对目标作出调整，从而实现我们的计划。

一、语言学证据

在人猿进化的过程中，一个关键性的作用是语言。比勒－波普尔将动物语言和人类语言放在一起研究，每种语言就是一种特别的符号系统，包括发话者、接受者和两者间的交流工具。他们对语言做了如下四个层次的划分："①表情性或征候性功能（expressive or symptomatic function），就是动物和人类用呼唤、示意和欢笑等各种表情形式表达其内在情绪或感觉。②发布性或通报性功能（releasing or signalling function），即'发话者'用征候性表情与'接受者'进行交流，期待后者有所回应。例如，动物会向其种群通报某种信号，出发、有危险及休息等。这种形式存在于动物个体之间、人类个体之间，以及人类个体与动物个体之间。③描述性功能（descriptive function），这是一种描述外部世界以及内心世界所发生的事物和事件的能力。比如我们彼此互相讲述各自在某些境遇下的感受、经验，描述当前发生了什么重大的事件等。④辩论性功能（argumentative function），这一语言形式并不在比勒所提出的语言三功能定义中，而是波普尔后来加上去的。波普尔认为这是语言的最高层次。由于其复杂性，这一功能无论是在种系发生还是在个体发育过程中都是最晚才出现的。批判性辩论的才能和人类所具备的理性思维能力紧密相关。"[①]

卡尔·波普尔（Sir Karl Raimund Popper）认为，人类和动物都具有前两种低级形式的语言，只有人类才拥有后两种高级形式的语言。也就是说，人类拥有这四种形式的语言。人类从婴儿到儿童再到成人的发育过程表明，人类是逐步获得这四个层次的语言能力的。注意，这四个层次的语言发展不是彼此分离的阶段性发展，而是一种增量式的发展，它们会叠加在一起，彼此渗透。例如，在辩论的时候，会有表情性层次、通报性层次的语言，也会有对事实证据进行描述的层次。在进行描述时，也会有表情性和通报性的语言。

达尔文的进化论思想既然确立了人类种系发生的来源，即现代人属于灵

---

① 约翰·C.埃克尔斯.脑的进化——自我意识的创世［M］.潘泓译.上海：上海世纪出版集团，2007：79-81.

长类，与类人猿是近亲。但是，人类语言上的独特性所造成的现代人和类人猿之间巨大的能力差异又应当怎么解释呢？它们仅仅是量上的变化还是质上的差异？就此，当代的语言学家、生物学家进行了大量的比较研究，企图填补种系进化过程中的这个漏洞。

为探讨黑猩猩的语言能力，弗内斯（Furness）等一些学者开始试图教黑猩猩说话，但即使花了几年时间，黑猩猩也只学了几个少得可怜的单词。林波曼（Lieberman，P.）将失败的原因归结于黑猩猩发声部位存在结构上的缺陷，该缺陷使得黑猩猩无法发出某些元音。林本（Limber，J.）对此观点予以了反驳，他指出，发声器官有严重缺陷的人仍然能够说话，即使是整个后部或舌部完全损坏也可以说话，因此林本的结论是：所有这些事实说明，人们应当怀疑人类发声器官的形态结构是人类语言基础的这一观点。正常健全的发声器官对人的语言能力既不是充分条件也不是必要条件……就当前人类发声器官的生物学研究成果而言，其主要影响看来并不在于增进我们对人类语言的理解，而只是用来给一个先验假设（而不是将其视为悬而未决的问题）提供物质基础。①

另一个研究方案是教黑猩猩用手语的方式来习得语言能力，使黑猩猩可以通过它们天生的体态手势进行交流，在不被上述发声生理结构缺陷所妨碍的情况下开发黑猩猩学习语言的能力。这一试验是由加德纳夫妇所实施的，他们与他们所研究的黑猩猩都是通过手语来交流。该黑猩猩的手语"词汇量"达130个，而且能用多达4个"词"连接起来造句。虽然，黑猩猩能够学会使用代表事物和行动的各种手势，但是黑猩猩的这种手语信息与人类儿童的语言还是有很大的差异：首先，黑猩猩发出的所有手语信息都是关于讨要食物和引起别人的注意的。手语作为一种符号体系，对于黑猩猩而言只是作为一种工具性的手段，它很少使用手语交流，没有通过手语与别的猩猩发生交流的欲望。所以，黑猩猩使用手语实属语言的前两个低级层次，没有任何清晰的证据表明黑猩猩能用手语做描述性的表达。然而，人类儿童的语言则是用来探寻和学习外部世界的，能够从实用性地使用原始母语（protolanguage）转换为运用语言认知外部世界，实现语言成熟的理性功能。约翰·埃克尔斯（John Eccles）指出，婴儿在出生后的第一年里惊人的语言发育进展，是婴儿在试图进行自我实现和自我表达的过程中自我意识发展的产物。② 特勒斯和比菲也认为，人类学习语言的一个

---

① Limber J. Language in child and chimp [A] // Sebeok T A, Umiker-Sebeok D J. Speking of Apes [C]. New York: Plenum Press, 1980: 197-220.
② 约翰·C.埃克尔斯. 脑的进化——自我意识的创世 [M]. 潘泓译. 上海：上海世纪出版集团，2007：85.

根本动机，可能是需要用符号来表征个体自我的能力。[①] 其次，就黑猩猩与幼儿运用词汇的方式而言，前者所做的连贯手势是否具有语法规则也是令人怀疑的。例如，黑猩猩会用手势"我""搔痒"和"你"以任意可能的次序排列来表达同一个要求："你给我搔痒。"反之，三岁儿童已经能够遵循句法来造句并恰当的表达其需求、指使他人、表示否定和提出问题了。

教黑猩猩学语言的实验表明黑猩猩可以熟练地掌握第 2 层次的语言种类，但是无法掌握第 3 和第 4 层次的语言，且黑猩猩对符号的运用不具备任何句法形式。黑猩猩利用符号交流纯粹是实用性的，完全不同于人类婴幼儿对语言的运用的实用性与理性的结合。乔姆斯基就此给出的结论是："最近的研究从总体上看应验了一个并不十分令人惊讶的传统假定：其他动物无法掌握人类语言，哪怕是最初级的语言特征（即使是低智、严重残疾和社会障碍都不会影响人类掌握语言的能力）。近几年来，列能伯格、林本等也强调了这一点。人类和动物在语言能力上的差异看来是质上的，这种差异不只是量上的'多少'，而是不同类型的智能构造。"[②]

二、脑神经科学证据

脑的神经科学也从神经生物学基础上寻找人与猿语言能力差异的原因。我们人类绝大多数人的大脑皮层左侧有两个相当大的区域与语言紧密相关。韦尼克区（Wernicke's area）位于颞上回、颞中回后部、缘上回和角回，又被称为后语言中枢，这种区域内有听觉性语言中枢和视觉性语言中枢，其主要功能是理解词语的意义。该区域的损伤，将产生严重的感觉性失语症，患者要么仍然能听见声音，但是无法理解句子的意思；要么仍然能以正常的语速、节律和句法说话，但是所说的话没有任何意义，空洞无物。布罗卡区（Broca's area）位于前额叶第 3 个摺回的后部，又被称为前语言中枢。该区域的损伤会导致运动性失语症，即患者仍然能够正常的阅读、理解和书写，尽管知道自己想说什么，但是发音困难，说话缓慢费力，无法流利地说话。它们共同形成语言系统，由额叶和颞叶间的神经通道弓状束联结。

[①] Terrace H S, Bever T G. What might be learned from studing language in the chompanzee？ The Importtance of Symbolizing One-self [A] //. Sebeok T A, Umiker-Sebeok D J, Speking of Apes [C]. New York：Plenum Press，1989：180.
[②] Chomsky N. Human language and other semiotic systems [A] //. Sebeok T A, Umiker-Sebeok D J. Speking of Apes [C]. New York：Plenum Press，1980：438.

目前，神经科学家对于说话的大脑神经机制、神经通路达成的共识大致如下（尽管这对于复杂的神经机制只是非常简化的描述）：首先由视觉脑区的17区、18区和19区投射到39区（角回），即韦尼克脑区中；随后韦尼克区会对读到的内容作出语义解释，然后经弓状束投射到布罗卡区；在布罗卡区该语义解释被进一步处理变换为复杂的运动模式，并进而控制运动皮层的活动而完成发声操作。

从语言脑区的解剖结构来看，布劳德曼将人脑区分为数十个不同的脑区。而根据彭菲尔德和罗伯茨的定义，最广义的韦尼克脑区包括39区、40区、21区和22区的后部以及27区的一部分，布罗卡脑区包括44区和45区。但是在猩猩的脑中，并不存在相应的语言脑区。就韦尼克脑区而言，猩猩至多只有21区和22区的后部以及40区的一部分，而布罗卡脑区的44区和45区根本就不存在，也就是说，黑猩猩缺乏专门处理控制人类语言的脑区。[①]

当然，目前语言皮层神经解剖结构的细节以及其对造就语言皮层功能特性所起的作用尚不明确。有学者推测，在进化过程中，部分脑区获取新的特殊功能是两种以上感觉通路汇聚到该脑区的结果。例如，如果听觉和视觉信息汇聚到同一神经元上时，这些神经元可能对听到和看到的事物的一致性发出信号，从而导致对该事物的客观实体化，并对其赋名。而语言功能可能就是由此发展出来的。不管语言功能的进化过程是怎样的，语言使我们能对汇合不同感觉通路信息形成的多感官和超感官的概念进行存取，由此它的重要意义就开始凸显出来：语言是人的心灵表征不在眼前的事物的一种手段，因此它在很大程度上将我们从感觉的束缚中解放出来。[②] 人类的语言能力打破了人类身体活动有限范围的束缚，人类开始用有别于动物的形式来表达其意图。同时，人类因语言而开始拥有独立的内部世界，这个独立的内部世界是人与外部环境间存在的一个离线状态，他无需时时刻刻关注当前的即时的环境，他可以回忆、反省过去发生的事件、计划及构想未来的情况。本书认为，这样一个独立的内部世界也使得人类的意识世界成为可能，自我观念由此而生。人开始意识到自己作为一个个体而存在，意识到自己的所想所思。而这一切，皆是因语言这一符号表征体

[①] 目前，关于韦尼克脑区的真正位置受到了质疑。2012年1月30日，美国乔治敦大学医学中心教授约瑟夫·劳施埃克在美国《国家科学院学报》网络版上发表了一份新闻公报。该公报中称科学界广泛认可的韦尼克脑区的位置，即人脑语言处理中枢在大脑皮层后部，位于感知声音的大脑皮层之后的观点是错误的。劳施埃克以及同事在运用多种脑成像技术的115项语感知研究进行评估后认为，真正的韦尼克脑区位于听觉皮层之前，与前脑仅有3厘米左右的距离。如果这项新发现被证实，那么人类与非人灵长动物的关系在语言方面将更进一步，两者的语言处理中枢将位于同一脑区。
[②] 约翰·C.埃克尔斯.脑的进化——自我意识的创世[M].潘泓译.上海：上海世纪出版集团，2007：98.

系而产生的。

第三节　对认知表征作用的再审视

一、表征对认知的不充分性

自笛卡儿提出二元论以来，其后的哲学家们一直孜孜以求的一个认识论问题是：我们心灵中的观念是如何可能真实地反映外在世界的。这就是符号主义中表征概念产生的哲学前提。笛卡儿认为，如果我们要进行知觉、行动，或者说与对象相关联，那么在我们的心灵中就必须有某种内容——某种内在表征，而且正是这种内容使我们能让心灵指向每个对象。胡塞尔的意向性思想也遵循了这样的假设，认为一个人与世界的关系必须始终以意象内容为中介。精神状态总是面向加以描述的某个事物的，如相信、信念及恐惧等总是关于某个事物的。使这种指向得以实现的精神特质就是精神状态的表征，胡塞尔将这种内在表征命名为意识的"意向性内容"。胡塞尔尽管反对以认知主义为指导的人工智能，但是他也同意心理表征的概念，并将这种内在表征称为行动中的经验。

简而言之，内在表征作为一种经验，是具有精神内容的认知主体与外在世界的关系。但是，海德格尔的"存在论"明确地反对上述主/客认识论。他指出，我们的确经验到自己是一个有意识的主体，拥有愿望、信念、知觉、意图等，但这是派生或间接的方式，主体并不总是通过精神内容与对象相关联，比表征活动更基本的让事物有意义的方式是我们对存在的理解，我们应当追问的是我们是什么样的存在和我们的存在是怎么与世界的可理解性相联系的存在论问题，而不是心灵与世界相联系的表征，即认识者与被认识者关系的认识论。我们认为，当代认知科学中新的研究路径，包括情境认知、具身认知和认知动力系统理论都是以"我在故我思"为哲学起点来探讨认知过程的。

认知动力系统理论的"交互作用""突现"的确开启了我们对认知或心智的时间维度的研究。表征的观念从而得到了修正，表征不再是绝对的、完全的，表征指向的是不在场的、离线的（off-line）东西。例如，马尔巴赫就指出，对于记忆或想象这类东西，意识以它好像在知觉中被给予我这样的方式来指向不在场的东西。他认为，表征行为的结构应当是：知觉某对象 x 的行为，被表示为 [PER] x。在包括 [PER] x 的记忆行为中，x 的表征不是作为知觉的现实和正在发生的行为，而是作为他所指［PER］x 的知觉的重演，也就是说，过去我确实曾经知觉到 x。知觉 x 发生在过去，而非在未来，这种行为可以用 REPp 来表示，因此，记忆行为是依赖"相信过去曾发生过的对 x 的知觉"，x 的再表征，可以被表示为（REPp［PER］）x[①]。

二、表征对认知的必要性

那么，表征概念是否可以如动力主义者宣称的那样被彻底放弃呢？我们认为，表征虽然不是绝对的，但也是人类认知发展过程中不可缺少的条件，并有以下三个哲学假设予以证明：

第一是心理学假设。认知心理学认为，当前形成的意识经验和自主行为是在已产生的无意识预测框架和无意识意图结构的背景中形成的。心理学家把这种无意识的心理表征称为语境。语境保存了过去的重要信息，而这个信息从当前的环境是无法获得的。从心理学上讲，我们总是置身于许多正在运行的语境系统中，语境无处不在，它引起、选择、形成和界定我们的意识经验。没有语境就没有意识内容。同时，无意识的语境表征与有意识的心智之间在不断地交替式演进：在无意识的语境表征中形成的意识内容会随着时间维度的冗余性而成为新的语境，而该新语境又会限定、形成下一个新的意识内容。[②]因此，心理表征的存在有经验证据加以证实。

第二是认识论假设。从人类认知发展过程看，符号表征这种心智观念虽然不能完全的涵盖大脑调节过程中所实现的所有智力形式，但它确实反映了大脑调节所实现的高级认知水平：即语言认知。李恒威、黄华新认为，认知能力可以被粗略地划分为三个发展水平：①最初的认知水平是感觉运动认知。这个阶段的认知完全是由身体在即时的环境中的当前行为产生的，这个阶段还没有发展出清晰的内部世界，为"所思即所行"。②初级认知水平是意象认知。此时的认知活动可以在头脑中想象地进行，大脑有了预演的能力以及较弱的过去、现在和未来的时间意识。在该水平上，尽管有了想象的内部世界，但它还是极大地依赖身体活动的表达，为"所思多于所行"。③高级的认知水平为语言认知。该水平认知活动开始突破身体图示的局限转变为依赖于明确概念的逻辑演算。

[①] Marbach E. Mental Representation and Consciousness：Toward a Phenimenological Theory of Representation and Reference［M］. Dordrecht，Boston：Kluwer Academic，1993：61.
[②] Baars B J. A Cognitive Theory of Consciousness［M］. Cambridge：Cambridge University Press，1988：135-176.

此时人类形成了抽象的心理世界,出现了较强的过去、现在和未来的时间意识。[①]虽然较高水平的认知总是基于较低水平的认知,被其渗透,但是以低级认知的基础性、渗透性来否认高级认知水平的作用则是错误的,神经调节状态不仅是表征的上位范畴,也是感觉运动认知的上位范畴。

第三是本体论假设。传统哲学的本体论假设是将人类生活形式的主要特征明晰地表达出来。柏拉图就认为,人们能够以离散的方式来理解宇宙,可以获得关于一切的理论,人与事物相联系的方式是拥有关于事物的清晰理论,而方法就是去发现丰富现象背后的原则。反传统哲学的存在主义现象学却提出了另外一种可能:人与事物间联系的方式并不需要时刻伴随清晰的表征意识。人作为具身的存在物,已经处在世界之中,处在某个情境之中,因此拥有非具身存在物不能拥有的关联和意义。但是,即使是海德格尔本人,在反对表征主义时,也没有完全排斥表征意向性。他只是把非表征意象作为更基本的在世界之中存在的方式,而表征意象是一种间接的和派生的方式。清晰的表征是以不清晰的非表征为前提的。海德格尔虽然强调人的活动就是对情境或世界的开放反应,但是认为仍然存在作为思的主体的存在和作为孤立的、确定的实质存在方式,海德格尔将其称为"不可上手状态"。"不可上手状态会在以下情况中出现:①发生故障时(malfunction):用具出现故障时,我们通过环顾寻视用具而发现了不可上手状态,而且用具因此变得突出。②暂时中断时(temporary breakdown):因为有东西阻碍了正在进行的活动,所以活动出现了暂时中断,这时就从消释的应付(absorbed coping)转到了深思熟虑的应付。"[②]这些状态都就需要借助表征意向性的帮助。

当然,传统的认知理论对于物质环境、身体感知的研究缺失一直都受到学者的关注和批判。詹姆斯早就指出,"如果离开了作为认知对象的物理环境,心理事实就无法得到正确的理解。传统理性心理学的最大错误就在于把灵魂视为一种绝对精神的东西……同世界中的具体事物没有关系"[③]。皮亚杰的发生认识论也指出,认知的起源与身体及动作是紧密联系在一起的,认知的发展是身体与环境互动的结果。认知动力系统将环境、身体这两个参量纳入到认知模型之中,无疑是值得肯定的。由于物质环境与身体图示都强调认知过程的实时性、在线性,所以大多数动力主义者认为环境与身体的参量之间存在连续且同时的耦合

---

① 李恒威,黄华新.表征与认知发展[J].中国社会科学,2006,(2):40.
② 徐献军.具身认知论[D].浙江大学博士学位论文,2004:38.
③ James W. Psychology:The Briefer Course[M].New York:Dover Publication,2009:3.

作用，它们相互作用、相互决定和共同演化。这种连续性和同时性如此之强烈，以致不可能存在一个非即时的、离线的表征的序列加工过程。但是，正如德国学者莱昂曾警醒地指出那样，动力主义模型的确拓展了认知的时间维度，将认知过程二分为耦合（在线）过程和去耦（离线）过程，但是动力主义模型的任务应当是尽力去修复、填补二者之间的认知间隙，而不是在肯定耦合过程的同时，完全地排斥、抵制去耦的离线过程。[①] 本书也认为实时的在线过程和非实时的离线过程分别是认知的基本形式和高级形式，二者都不可偏颇，未来的认知模型研究应注重二者的结合。

---

① De Bruin LC, Kastner L. Dynamic embodied cognition [J]. Phenomenology and The Cognitive Sciences, 2012, 11（4）: 541-563.

第三章

认知动力主义的环境与认知边界问题

认知动力主义的耦合机制将脑、身体与环境都纳入到认知动力系统之中，有的学者甚至据此主张，认知系统延展出了脑。盖尔德认为，"在这个图景下，认知系统并不仅仅是被封闭在脑中的；相反，因为神经系统、身体以及环境都在不断地改变并同时相互影响，所以，真正的认知系统是包含上述三者的一个独立的统一系统。认知系统并不是通过偶然的、静态的符号输入和输出与身体和外部世界交换作用；相反，最好把内部和外部的交互作用理解为一种耦合，这样，这两组过程就持续的影响着彼此的变化方向"[①]。这种耦合机制为我们提供了理解环境的新视角。同时，由于环境进入了认知系统，一些学者便反过来认为认知过程跨越了脑边界，深入到身体和环境的过程之中，推导出环境或者环境中被使用的工具本身就是认知过程的"延展认知论题"，从而引发了哲学界一场关于认知边界、认知本质的思考。本书先论证环境在认知过程中的作用，然后再对认知边界进行分析，并对延展认知假设提出哲学批判。

第一节 认知动力系统中的环境

认知主义、联结主义确立的认知构架虽然不同，但它们都是在心-身关系（或者更确切地说是在心-脑关系）的分离中来理解认知过程的，外部世界的环

---

① Van Gelder T. What might cognition be if not computation？ [J]. Journal of Philosophy, 1995, (91): 373.

境因素是不具有重要的理论意义的。但是随着另一种认知范式——认知动力主义的兴起和发展，环境的重要性被日益凸显，认知不再是心灵对信息抽象的处理过程，而是被界定为根植于身体与环境的互动过程中。环境作为一个重要成分开始进入认知分析之中。理解环境在认知表征中的作用需要澄清以下几个问题：①符号表征理论是如何看待环境的？②在具身动力认知中，环境具有什么作用？③符号表征或者具身动力认知对环境的解释充分吗？或者说，它们能否修复"离线/在线"这个认知空缺？④环境的表征概念与动力耦合模式冲突吗？

一、环境作为符号表征理论中的缺席部分

20世纪50年代兴起的认知主义以及20世纪70年代流行的联结主义尽管在基本隐喻、认知模型上有所不同，但是它们都认为：①大脑是操作符号（亚符号）表征的一个信息处理系统；②认知在本质上是该系统的计算过程。认知被解读为对心智的离线操作。这个操作过程虽然可能包括（但不必然包括）身体以及其与外部环境间复杂的相互作用，但符号、表征才是其中的核心概念，环境和身体作为认知系统的输入量或输出量，只是次要的。

事实上，环境的符号主义进路仍然是一种笛卡儿的二元论。心灵与世界仍然被描述为两种不同的存在，具有不同的本质。我们心灵活动的内容、意向的所指只是外部世界在我们心灵中留下的印迹而已，它是一种表征，它并不等同于被表征的真实存在的事物。因此，表征是联系心灵与世界的桥梁，表征是我们与世界之间的观念面纱，裁定我们表征的有效性的终极法庭就是独立存在的世界。当然，我们的每一个表征必须与许多其他表征相符，但这类内在特征的要点是增加可能性，即总体上我们的表征是对于外部独立世界的符合或适合程度的度量。[1]

那么，在符号主义进路中，环境扮演了什么角色呢？作为被表征的外部事物，世界"处在彼处"而独立于我们的认知，我们的认知就是再现彼处的独立世界，因此环境一开始就被设定为预先给予的。心智是对环境中预先给定的属性进行选择性反应的一种信息处理器，进而环境被视为一种静态的信息，它与认知过程没有双向的互动、循环过程，只是单向的输入、反馈过程，因此它不属于认知系统中的一个组分。

---

[1] Varela F J, Thompson E, Rosch E. The Embodied Mind: Cognitive Science and Human Experience [M]. Cambridge: The MIT Press, 1993: 136-137.

这里需要进一步解释的是"系统"这个概念。系统并不仅仅指称多个事物组合的集合体，它还要求作为组成部分的事物之间必须具有某种联系，并且这种联系能够影响整个系统的运行。所以，系统是通过它的组织体以及组织体形成的功能关系来界定的。系统的同一性不发生改变，其功能性关系就不会改变，例如，由各个零件组成的汽车就是一个系统，火花塞的运行会影响活塞的运行，而活塞的运行会影响传动轴，等等。当然，这与系统的开放性并不矛盾。事实上，许多系统都是开放的，系统所处的环境会影响系统或者被系统影响。例如，尽管太阳对于地球的整个生物圈非常重要，但这并不妨碍我们把地球生物圈视为一个系统，因为生物圈中的生命个体之间具有一种整体性的功能联系，所以系统的开放性特征并不会模糊系统的边界，系统的界定在于系统解释者特定的分析目的。[①] 那么，符号主义又是如何看待认知系统的呢？

纽维尔和西蒙提出的"物理符号系统假设"，就曾明确地提出，"所有的认知过程在本质上是在离散的时间中对符号表征的计算"[②]。在符号主义者看来，"心灵之于脑正如软件之于硬件"不仅仅是一种类比，更是一种科学宣言，心灵就是脑中运行的程序，要想了解认知过程，就必须对心灵进行解码、编程。既然现代数字计算机等价于通用图灵机，在原则上可以运行符号计算的程序，这就意味着如果我们获得正确的心灵算法，就可以在数字计算机上编程使之具有心灵。因此，认知过程的研究范式可以被表述为如下步骤，塞尔称之为"强人工智能"：①编程的数字计算机，如果能够通过图灵测试，那么就可以认为机器具有智能的认知能力；②人脑基本上就是麦卡洛克-皮茨逻辑环路网络，神经元的操作以及它与其他神经元的关联可以纯粹用数理逻辑运算的方式建立模型；③因此，我们可以通过找到脑内运行的数理逻辑程序，探究人类的智能化认知（具体论述详见第二章）。

从上述研究范式可以看出，无论是环境输入信息的符号化表征，还是子系统的功能区分，如知觉的感知机制、注意的过滤机制及工作记忆等，都始终与环境保持一种简单的"输入－分析"的镜像关系。环境作为预先规定的事物，在被认知系统进行表征之后，被编码为特定符号时，就不再与认知系统发生关系了。环境输入量的改变，只会使认知系统的输出随之改变，却没有使认知系统的内部功能发生改变，因为算法、运行的程序没有改变。因此，环境被假定

---

① Wilson M. Six views of embodied cognition [J]. Psychonimic Bulletin &Review, 2002, 9 (4): 625-636.
② Newell A, Simon H. Computer sscience as empirical enquiry: symbols and search [J]. Communications of the Association for Computing Machinery, 1976, (19): 113-126.

为预先设定的、外在于认知系统的事物。

二、环境作为具身认知中的内在组成部分

符号主义直接将认知设定在高水平的语言思维的心理过程之上，认为认知是在明确的概念之上进行的逻辑推理、演算、判断和做决定。但是，这种做法显然忽视了人类认知的起源和发展。根据新达尔文演化论的观点，人类及其认知能力都是处于不断的演化过程中的，人类不是空降到一个既定的环境之中，也不是一开始就被安装上符号表征这样的语言思维程序。环境的改变对生物体提供了选择压力，同时参与到生物体认知形成的过程，生成了一个使一个世界得以诞生的历史。其中，环境与生物体不再是一种内在与外在的对立关系，而是一种共蕴含关系，它们彼此规定。所以，人类的认知能力不仅是一种生物体的演化过程，也是在历史文化的环境中发展的。因此，理解人类的认知必须重新对环境进行界定。

"具身认知"就是在这样的背景下作为一种新的研究范式应运而生的。自20世纪80年代以来，"具身的"几乎成为认知科学中所涉及的所有领域中的重要概念。在哲学、神经科学、计算机科学、人工智能、语言学及人类学中，"具身心智""具身认知""具身的人工智能"等与具身相关的概念受到学者越来越多的关注和重视。与符号表征理论相比较而言，具身动力主义认知理论重大的不同就是强调身体与环境对认知的重要作用。瓦雷拉、汤普森（Thompson）和罗施在其《具身心智：认知科学与人类经验》一书中，就明确地指出，"认知不是既定心智对既定世界的表征，而是基于对存在所实施的多样性行为的历史基础之上对世界与心智的生成过程"[1]。因此，具身认知否定视心智为自然之境的哲学立场，认为环境不是独立的、既定的，而是认知的一个内在因素。

那么，环境是如何融合到具身认知的结构耦合模式之中的？它是如何由一个外在的、预先设定的观念转化为认知过程的内在因素的呢？瓦雷拉等以颜色为例说明了这个结构耦合模式。他们认为，首先，就颜色本身显现的结构而言，颜色会随着所处环境的色调、饱和度以及亮度这三个维度的不同而变化，而且色调要么是一元的，如黑、白、灰，要么是二元的，以相互对立的方式建构起来（颜色的对立-过程理论），如红色与绿色对立、黄色与绿色对立。但是，颜

---

[1] Varela F J, Thompson E, Rosch E. The Embodied Mind: Cognitive Science and Human Experience [M]. Cambridge: The MIT Press, 1993: 10.

色的这些属性并不能被设定为色块反射的色彩饱和度和波长，而是通过其表面反射率特征来决定。同时在光的结构中也没有发现唯一性、二元性和对立性。因此，颜色的属性并不是先验的、存在于预先给予的世界中。其次，作为颜色的知觉属性，颜色是无法在与形状、大小、质地、运动和方向等其他属性相隔离的状态下被知觉的。就一个视网膜图像而言，是颜色与它们之间的协作比较过程根据它们所能达到的涌现的全局状态而将颜色赋予物体的。因此，我们的颜色经验存在于我们的结构耦合所生成的知觉世界中。最后，就颜色分类的知觉和认知过程而言，颜色范畴既有物种特异性，又有文化特异性。颜色范畴的物种特异性是指颜色范畴是从某组神经元响应再加上物种特异的认知过程而产生的，即生物体三色通道神经元响应虽然直接决定了颜色的基本范畴：红绿、蓝黄、黑白六种颜色，但是橙色、紫色、褐色和粉色却是通过对这些神经元响应的认知运算"计算"而产生的，是人类特有的。所谓文化特异性就更容易理解了，不同的人种、种族对颜色的分类是不同的，甚至对颜色的主观偏向也是不同的。因此，颜色范畴也不是独立于我们的知觉之外的，它依赖于我们结构耦合的生物和文化的历史。[1]

因此，认知过程并不是对先在世界的镜像呈现，人和环境并不是认知主体和认知客体的关系。生物体与环境实际上并不是分别被决定的。环境并非是一个从外部对生命体施加影响的结构，它实际上是这些生物体的创造。环境并不是一个自治的过程，而是一个物种生物学的反映。就如同不存在脱离环境的生物体一样，也不存在脱离生物体的环境。因此，对环境的规定性描述并不能武断的以环境是预先给予的为前提条件。事实上，人与环境是互相规定和共同作用的关系，并在耦合模式中达至协调，或者说突现出全局属性。它们都是共同作用的历史结果。生物体既是演化的主体，又是演化的客体。[2]

具身认知中的动力主义进一步扩展了环境与认知关系的研究。他们认为认知者借助感觉输入嵌入到环境之中。认知是认知者与环境彼此协同的一个统一系统。认知者与环境之间的嵌入关系不是单纯外在的连接，而是源于动力系统中的耦合机制，因此整个认知动力系统才是我们研究认知的有意义的对象。比尔建立的智能体-环境耦合的动力系统模型就是按照这种思路建模的。比尔用函数 S 表示从环境到智能体的感觉输入函数，函数 M 表示从智能体到环境的

---

[1] Varela F J, Thompson E, Rosch E. The Embodied Mind: Cognitive Science and Human Experience [M]. Cambridge: The MIT Press, 1993: 157-171.
[2] Lewontin R. The organism as the subject and object of evolution [J]. Scientia, 1983, (118): 63-82.

运动输出函数；$S(X_E)$ 表示智能体的感觉输入，$M(X_A)$ 表示智能体的运动输出。这样，智能体（用 A 表示）与环境（用 E 表示）的耦合关系就可以表示为

$$\begin{cases} X_A = A(X_A;\ S(X_E)) \\ X_E = E(X_E;\ M(X_A)) \end{cases}$$

比尔认为，"智能体采取的任何行动都会通过 M 以某种方式影响其环境，反过来，经 S 由智能体从其环境接受到的反馈又影响到智能体本身；同样，环境通过 S 对智能体的影响反过来又通过 M 反馈回来影响到环境。因此，系统变量之间以连续而且同时地相互作用、相互决定方式共同演化，环境状态的变化必然引发智能体状态的改变，反过来，被影响的智能体的状态以同样的方式又诱发环境的变化。在这个过程中，不存在独立的表征加工程序"[1]。

三、环境在认知空缺中的两种表现形式

具身动力主义认知从知觉与运动功能，以及它们与环境的相互作用出发，提出了与符号主义完全不同的一种认知范式。当认知过程被作为即时的情景化过程时，环境就必然是"耦合的"（coupled），或者说是"在线的"（online），即环境作为感觉输入会持续不断地进入认知动力系统，同时运动输出也会对环境施加作用力从而影响我们的认知。事实上，此时环境始终循环地存在于认知发生的每个领域。例如，日常生活中的开车、与别人交谈和问题解决等。这一观点显然忽视了人类认知的另一个标志性特征，即认知也会在与即时环境分离的情况下运行，认知也可以是"去耦的"（decouple）、"离线的"（offline）。如前所述，这样的心理活动构成了我们独立的内心世界，当我们在回忆、计划及判断时就可能脱离当前的环境而进行独立的表征活动，此时离线的环境因素已经成为心理表征的一部分。[2]

目前，具身动力主义认知进路的支持者们在回答环境的"在线/离线"这个认知空缺问题时采用了两个办法。其一，以现象学考量为论据，强调认知过程的动力的、在线耦合模式，回避、否认认知的离线表征过程。例如，加拉赫（S. Gallgaher）就认为，模拟并不是我们在解读他人心智时所使用的一个根本的、预设性程序。如果是的话，那么当我们在有意识地模拟他人的心智状态时，我们就应当对模拟程序中不同的步骤有意识，但是当我们与他人交往并试图理解

---

[1] 李恒威，黄华新. 表征与认知发展[J]. 中国社会科学，2006，(2)：41.
[2] 安晖. 意识的哲学分析[D]. 山西大学博士学位论文，2013.

他们时，却并没有经验性证据表明我们有意识地使用了这些模拟程序。现象学表明在日常交往中我们总是直接地理解他人的行为，并对其作出反应，而不需要借助复杂的模拟过程。[①]当心智读取、心理表征确实存在时，对其采取回避的态度的确不是明智之举，反而让认知主义者开始猛烈地攻击现象学，认为现象学不但是错误的，而且是不相关的。[②]

其二，从生物演化的角度看，与"在线"相关的能力比与"离线"相关的能力更为基础，因此，在线模式具有发展的优先性。在认知构架中，在线模式是处于第一位的，而离线模式是处于第二位的。[③]发展优先性是在人类进化过程中，在原始人野外生存能力的基础上提出的。这种观点认为，在人类文明发展以前，人类的某项心智能力能否被传承、延续，取决于它是否有助于我们在实时的环境中做出直接的应对，如采集果实，或者躲避危险的食肉动物。因此，也许在线认知更能够体现我们根本的认知架构。威尔森认为，从生存价值上推断在线认知模式具有优先性的观点是不够有说服力的。[④]即使是早期人类采集果实的行为也很可能受益于人类的反思能力——回忆某个区域的地形地貌、遵守与其他部落的协商约定及考虑前几天下雨可能造成的影响，这些都涉及人类的离线认知模式。布鲁克斯也认为，即使在线模式在历史发展中是早于离线模式的，但是这一点并不具有重要的理论价值。因为，在使用在线模式的早期阶段，生物圈的进化是一种趋同进化，人的价值并没有被凸显出来。随着人类离线能力的发展，例如语言、艺术绘画等，生物进化才有了质的不同。[⑤]

显然，如果具身认知理论仅仅片面地认可在线认知的必要性，否认或者无视离线认知的作用，是无法修复认知空缺问题的。因此，有些学者开始关注具身认知的离线运行，认为具身认知与离线认知并不矛盾，提出离线认知也是以身体为基础的观点。例如，威尔森就认为许多抽象的认知活动即使是从环境中去耦，还是会使用个体与环境交互作用的进化过程中产生的感觉加工和运动控制机制。[⑥]安德森也认为知觉、认知依赖于我们的身体和行为；在思维与时空不

[①] Gallagher S. Simulation trouble [J]. Social Neuroscience, 2007, (2): 353-365.
[②] Spaulding S. Embodied cognition and mindreading [J]. Mind&Language, 2010, 25 (1): 131.
[③] Gallagher S. The practice of mind: Thoery, simulation, or interaction? [J] Journal of Consciousness Studies, 2001, (8): 83-107.
[④] Wilson M. Six views of embodied cognition [J]. Psychonimic Bulletin &Review, 2002, 9 (4): 629-631.
[⑤] Brooks R. Cambrain intelligence: the early history of the new AI [M]. Cambidge: The MIT Press, 1999: 80-81.
[⑥] Wilson M. Six views of embodied cognition [J]. Psychonimic Bulletin &Review, 2002, 9 (4): 632-634.

同步的离线认知中，即使身体与环境间没有直接发生交互作用，但也还是以身体为基础的。[①] 从理论上讲，具身动力主义理论强调的是"身体的示例"和"肉身的介入"，并不必然与环境的在线或者离线发生直接冲突，因此，具身性与离线认知相结合是可行的。从经验上讲，在心理意象、工作记忆、情节记忆、内隐记忆及推理和问题解决等离线认知活动中，感觉运动资源也会以心理表征的方式参与其中。

四、环境作为耦合模型中的不完全表征

从上述分析中，我们可以发现，符号主义和动力主义中的环境似乎体现了不同的形而上学核心：前者将环境视为内部表征的计算程序中的输入信息，是环境的表征而不是环境直接影响认知系统；而后者恰恰相反，它认为认知主客体与环境是耦合的，不存在完全独立于环境的认知主体，认知主体更加不可能独立于环境来表征环境，环境本身是认知系统的一个变量，它直接参与认知过程的感觉输入和运动输出，且始终与认知主体处于连续和同时的变化过程中。由于它们之间的对立，我们被迫进行二选一。但是，一旦我们选择动力主义认知理论，又会面临如何解释认知的去耦模式（即离线认知与在线认知有什么关系，它们是彼此排斥还是相互转化？）这样的困境。这样一来，问题似乎始终围绕着"是否存在对环境的认知表征过程"这一争论。

为什么持动力主义认知观点的人在认可"符号表征"时是如此困难？我们认为，这是片面地理解人类认知的发展过程而导致对表征的排斥所造成的。不可否认，人类和环境是处在彼此展开、彼此包进及彼此依赖的结构中，就像"基因与基因的产物是彼此的环境，就像生物体的外在环境通过心理的或生物化学的同化成为内在的，就像通过产物与行为使内在状态被外在化"[②]一样。但是，在生物圈种系的演化中，只有人类才具有语言思维的认知水平，其他动物则没有。而语言当然是符号表征模式，借助语言符号系统，人类可以建构丰富的想象世界。语言表征可以独立于它们表征的对象，既可以表征"在线"事物，也可以表征"离线"事物。因此人类不再像动物那样只能借助身体与环境的互动来表达他们的内心世界，人类可以通过丰富的想象突破身体的时空局限来表达思想。并且当这个想象世界可以独立、抽象的存在于我

[①] 陈波，陈巍，丁峻. 具身认知观：认知科学研究的身体主题回归 [J]. 心理研究，2010，(4)：6.
[②] Oyama S. The Ontogeny of information [M]. Cambridge：Cambridge University Press，1985：22.

们相对独立的内心世界时，就必然会产生命题的真假问题，产生符号表征的智力认知形式。[1]

因此，我们认为，符号主义和动力主义认知对环境的解读都反映了人类认知发展的某个阶段的特征，它们之间的对立更是印证了人类认知发展的复杂性。它们的对立是不相容的吗？我们认为未必，就像辩证法中的否定之否定规律，其中否定对肯定的否定并不是要完全摒弃肯定，而是包含了肯定因素的否定。认知过程中的即时环境与认知者具有动力耦合模式，同时离时环境还会以表征形式参与到当前的认知运行中来。我们可以将其概括为以下三点：①认知者和环境是耦合的。它们的相互作用和周期性的循环回路塑造了意义建构的过程，它们是认知的动力耦合模型中不可分割的组成部分。②认知者与环境会暂时的"去耦"。因为语言表征的发展，认知者有了相对独立的内部世界，认知者可以操作环境的表征来协助认知者完成他的认知活动，而无需完全依赖于实际的环境。例如，人们总是总结过去的经验、教训来指导我们当下的行为、决定。③"去耦"不是一个完全独立的过程，它始终存在于耦合的过程之中，即表征的操纵总是与实际环境相结合的。事实上，我们可以看出，在耦合和去耦过程中，它们所指向的环境并不具有同一性，在耦合过程中的环境是当下的、现在的，而在去耦过程中的环境却是过去的、成为历史的。人会周而复始地将当前耦合状态的环境的实体形式转换成在去耦状态中的表征形式。也就是说，在认知操作过程中，认知者实际上是与两种形式的环境进行互动的，一种是即时的环境，另一种是认知者对过去的环境状况形成的内心表征。因此我们认为，在比尔的动力耦合模型中，除了感觉输入函数 S 和运动输出函数 M 之外，还应该添加一个认知者对过去环境形成的表征函数，可以用 RE 表示。在认知活动中，S 和 M 是通过 RE 这个内部世界联系在一起的，它们之间的状态变化过程就可以做如下表示

$$\begin{cases} X_A = A(X_A; RE(X_{RE})) \\ X_{RE} = RE(X_{RE}; S(X_E)) \\ X_E = E(X_E; M(X_A)) \end{cases}$$

---

[1] 李恒威，黄华新. 表征与认知发展 [J]. 中国社会科学，2006，(2)：38.

第二节　认知边界的扩展：延展认知假说

一、动力耦合机制对认知边界的延展

延展心智论题（the extended mind thesis）是基于认知动力主义的基本观点，在心灵哲学领域内提出的一种新的关于心智边界的观点。按照常识观点，大脑、身体和世界界限分明、各司其职。身体从世界中获取信息，并将该信息输入到大脑之中，交由大脑的处理模式进行整合、运算，最后将输出的结果交由身体作用于环境。简而言之，心智活动位于大脑之内，环境仅仅是具有工具性质的外在因素。但是，延展认知理论却质疑这种环境与心智之间的分离，认为心智对工具、设备或其他环境支撑因素的使用，使得外在的物体可以被视为心智本身的延伸。心智应当包括认知过程的每一个层次，尤其应当包括外部工具的使用。因此，心智不应当被局限于头颅之内，外部的客观世界在适当的条件下也应当被视为心智合理的组成部分。

克拉克和查尔莫斯于1998年发表的《延展心智》[①]（*The Extended Mind*）一文对于延展认知理论的形成与推动影响深远。在该文中，克拉克和查尔莫斯基于环境在认知过程中所发挥的积极作用提出了"积极的外在论"（active externalism）观点，即环境中的物体会作为心智的组成部分发挥其功能。他们认为，将心智仅仅限定在大脑之内是武断的，心智、身体和环境并不存在原则性的区分。因为，外部环境在协助认知处理过程中发挥着极为明显的作用，使得心智与环境间的互动构成了一个"耦合系统"。

这个耦合系统就其本身而言可以被视为一个完整的认知系统。从这个意义上说，心智延展到外部的物质世界。克拉克和查尔莫斯将外部工具的使用纳入认知系统的一部分的主要标准是外部工具必须与内部过程发挥相同的作用。

在《延展心智》中，克拉克和查尔莫斯提供了一个思想实验论证环境在心智中的作用。他们假设 Otto 和 Inga 同时要去位于 51 号街上的现代艺术博物馆。Otto 患有先天性痴呆症，他必须把他生活中所有的事务都及时记录在一个笔记本上，因此笔记本相当于履行了他的记忆功能。Inga 心智健康，她能够回忆起她记忆中的内心指示。从传统意义上讲，Inga 在就博物馆的地址进行记忆提取

---

① Clark A，Chalmers D. The extended mind [J]. Analysis，1998，58（1）：7-19.

之前，她对她的记忆具有一种信念（brief）。同样，Otto 在翻阅笔记本之前，他对博物馆的地址也怀有一种信念。他们认为，这两种情况唯一的不同在于 Inga 的记忆是大脑的一种内在的处理过程，而 Otto 的记忆是由笔记本提供的。换句话说，笔记本成为 Otto 的记忆来源，Otto 的心智延伸到了笔记本。此时，笔记本所具有的作用，和 Inga 的内在记忆一样，它能持续、及时的为 Otto 获取，并自动的被 Otto 认同。

还有一些学者是通过对传统认知理论的非交互性进行批判，试图从反面论证认知边界的外在论观点。例如，苏珊·赫利（Susan L. Hurley）就把传统认知主义对认知的"输入－符号运算－输出"的理解戏谑地称为"三明治"，她认为在传统认知的心智模式中，心智就是一种三明治，知觉是上面的一片面包，行为是下面的一片面包，而认知就是夹在中间的陷。[①] 她主张知觉、行为和环境彼此紧密交织在一起。具身性和环境对于心智活动而言是本质性的。赫利以一位患先天性脑裂的患者为例，这类患者仍然可以通过利用环境因素而使两个脑半球共享信息，从而获取一致的意识经验，因此，赫利推断正是这些工具层面的事物促使了意识经验的一致性，当然这些工具并不一定局限于大脑的界限之内。

麦克·维勒也认为传统认知理论是一种内在论（internalism）的观点，即认为认知完全发生于头脑之中，内部的表征是认知过程的关键。他指出，在传统认知科学这种严格意义上的主客二分认识论模式中，心智与环境的关系仅仅是简单的输入关系，无需多说。同时对心智主要是从功能状态进行理解，因此也独立于身体。它们仅仅是被视为外围的输入和输出装置。不论是知觉和运动的生理神经系统还是人与环境的相互作用，它们总是会内化为一种抽象的表征符号。而主要的认知过程则是对发生在大脑内部的这些表征符号运算的理解。在对传统的认知主义和联结主义进行深入的分析之后，维勒认为，认知主义和联结主义具有一套相同的解释认知活动的理论框架。[②] 第一，它们在认识论上都主张主客体相分离，存在明显的二元划分。第二，表征以及表征计算是理解认知的工具。第三，认知行为是一种问题解决的方式，即首先检索当前行为相关的表征，再对这些表征按照某种算法进行处理，从而得出结论——决定采取的行为。第四，认知本质上是一种理性的推理过程。第五，认知行为的过程表现为感知－表征－计算－行为的模式。

所以，维勒进一步推论上述特点使得传统认知理论具有以下缺点："首先，

[①] Hurley S L. Consciousness in Action [M]. London: Harvard University Press, 1998: 401.
[②] Wheeler M. Reconstructing the cognitive world [M]. Cambridge: The MIT Press, 2005: 23-53.

在典型的知觉引导的智能行为中，环境的作用仅仅表现为引发智能主体要解决的问题，仅仅是通过感觉向心灵提供信息输入的来源，仅仅是产生一系列作为推理输出信息的预先计划行为的背景。其次，尽管身体感知负载的信息内容以及某种原初知觉状态可能不得不通过特殊的身体状态和机制得以详细阐述，但是，认知科学对认知者产生可靠和灵活认知行为的原则性解释，仍然在概念和理论上独立于对认知者的身体具身性的科学解释。最后，心理学解释并没有且不能对于极富时间变化的认知心理活动提供具有说服力的科学解释。因此新的认知科学需要突破认知发生于大脑之中的内在论，从认知主体如何与环境交互作用、如何通过感知－思维－行为介入世界的角度重构我们的认知世界。"①

二、延展认知的功能主义立场

延展认知假说的另一理论渊源是心灵哲学中功能主义理论在当代具身性、嵌入性认知研究中的新发展。具身性、嵌入性认知研究认为，认知不是脑神经系统对表征符号的操作过程，本质上，它是一种具有身体具身性和环境嵌入性特征的现象。而延展认知假说亦强调身体和环境对于人类认知产生了深刻的影响，认为认知是由脑、身体和环境构成的更大的系统机制，而心灵的本质则是由脑、身体和环境间整体性的平衡所塑造的。

心灵哲学中的功能主义认为，心灵状态或过程可以被多重实现，即原则上同一类型的心灵状态或过程可以被不同的物质基质实现，只要该物质基质能够发挥相同的原因性功能作用。而延展认知假说则提出，当思维和意图在空间上被分布到脑、身体和外部世界（即实现思维和意图的物质媒介）时，那么体肤之外的外部因素根据同等原则就应当合理的具有认知地位。换言之，延展认知假说的理论前提是功能主义的多重实现理论，即"同类型的认知状态或过程既可以完全通过纯粹的生物有机体媒介实现，也可以通过有机体与非有机体相整合而形成的结合体来实现"②。克拉克就明确地将延展认知假说称为延展功能主义（extended functionalism），认为它为"多重实现提供了比以前更为宽广的前景"③。

---

① 孟伟.交互心灵的建构——现象学与认知科学研究[M].北京：中国社会科学出版社，2009：25.
② Wheeler M. In defense of extended functionalism [A] // Menary R. The Extended Mind. Cambridge: The MIT Press, 2010: 248.
③ Clark A. Pressing the Flesh: A Tension in the Study of the Embodied, Embedded Mind? [J]. Philosophy and Phenomenological Research, 2008, (76): 37.

自20世纪90年代开始,"具身性""嵌入性"逐渐发展成为认知科学所有研究领域中的重要概念。与以计算－表征为核心的传统认知理论不同,心智的具身性与嵌入性主张,"如果我们将心灵视为智能的中心,那么我们也不能遵循笛卡儿的观点,从原则上将心灵与身体和世界分离……卸下那些带有偏见的信念,我们可以通过更明显的方法再次审视知觉与行为、审视公用设备和社会组织的娴熟参与,所看到的并不是原则性的分离,而是形形色色的紧密耦合的功能性整体……因此,心灵并不是偶然地而是紧密地且具身地嵌入世界之中"[1]。

但是,身体、环境在认知中的作用及身体、环境与心智的紧密性,提供的却是一个更宽泛的理论框架,研究者提出的研究方案也各不相同。例如,奥雷根(K. O'Regan)和诺伊(A. Noë)提出的对知觉的感觉运动解释;赫利强调有意识的知觉和行为之间的互相依赖性;罗兰兹(Rowlands)认为知觉、记忆、思维和语言都涉及与环境相关的解释;克里克和查尔莫斯提出的积极的外在论以及延展心灵假说;汤普森提出的生成主义,试图从自治同一性和意义建构的视角对身体的核心作用进行解读。

从"心智在头脑中"到"心智在身体里"再到"心智位于外部环境中"这样的理论发展脉络来看,克拉克等的延展认知假说似乎更大胆。该理论关注的是认知的处所问题,认为认知、心灵并不仅仅存在于脑中,而是延展至脑外、身体外。其论证理据是:体肤之外的技术性资源、身体的活动和头脑中的处理过程形成的耦合结构本身就是一个认知系统,尽管该耦合系统中各个组分具有不同的空间位置,各个组分对最终产生的智力行为具有不同的因果作用,但是毫无疑问每个组分都足以被称为"认知的"。可以看出,延展认知假说强调的是心智在构成上而不仅仅是在因果上依赖于外在因素。构成上的依赖性有两种情况:其一是指没有外部的物质支撑要素,脑就不可能完成指定的认知任务。例如,患有阿尔茨海默病的患者,存在严重的记忆障碍,当患者用笔记本记录需要记忆的事件以指引自己的行为时,笔记本就填补了受损的与记忆相关的神经元结构的功能。其二是指外部工具本身分担了一部分认知任务,认知处理过程是由生物性资源与技术性资源相互补充而实现的。例如,借助笔和纸进行多位数的数学运算。笔和纸不但将复杂的计算问题转换为一系列较为简单的问题,同时还具有存储中间运算结果的功能。因此与纯粹的心算相比,借助笔和纸进行计算是将认知任务分摊给了生物体和外部工具,从而降低了认知的成本。

---

[1] Haugeland J. Mind embodied and embedded [A] // Haugeland J. Having Thought: Essays in the Metaphysics of Mind. Cambridge, Massachusetts: Harvard University Press, 1998: 236-237.

因此，延展认知的核心观点是，认知系统是由脑的神经过程、身体的知觉-运动以及携带信息的外部工具组成的一个较大的机械系统。这个较大的系统是决定或有助于决定心灵状态和过程的随附性基础。尽管其他具身性、嵌入性研究方案也强调体肤之内的认知过程与外部工具之间的交互作用，尤其是都把相关的身体活动本身作为认知过程，以反对传统认知仅仅将身体作为认知过程的中立性的输入-输出设备。但是，他们更多地关注身体与外部环境的结构性交互关系。就环境本身而言，他们并不将其视为认知过程的一部分，认为环境只是通过具身性的交互作用帮助了某些认知过程而已。而延展认知则主张环境工具本身作为认知系统的一部分，也是认知的。这与前者将认知完全视为一种存在于体肤之内的现象泾渭分明。正是从这个意义上，延展认知提出认知延展到、超越于体肤之外。

对环境的认知性解读只是延展认知区别于其他具身性、嵌入性研究方案的表面特征，其深层次的根源在于延展认知始终贯穿了功能主义的分析策略，在一个更精细化的角度上阐述了多重实现理论。克拉克认为，"使得认知过程是其所是的只在于其功能概貌（一系列调节输入信息和输出信息的状态转换）。差异在于功能概貌不再仅仅为神经系统及其输入和输出设备所独有，而属于位于世界中的整个具身系统所拥有"[1]。传统的功能主义版本认为，认知作为一种信息处理过程与脑相关，脑件可以在不同的硬件上运行，只要该硬件间的因果功能关系相同。例如，装载 windows 系统的 IBM 电脑与装载 mac os 系统的苹果电脑都可以运行 word 软件；我们也完全可以想象，与我们有着不同神经构造、身体结构的物种和我们一样拥有心灵。传统功能主义把认知作为一种软件看待时，是把认知作为一种抽象的信息处理过程整体性的多重实现在不同的物质载体之中，我们可以形象的将其称之为"整体置换"。

而延展认知与传统功能主义不同的地方在于，它将抽象的信息处理过程进行了细分。对实时的问题求解而言，该问题可以被划分为各个易于解决的子问题，而这些子问题的求解也是可以多重实现的，即某些非神经事件和处理过程也参与了，或许起到了部分的计算功能。克拉克认为，"身体的和世界的因素作为延展的问题——解决过程的重要部分涌现出来，并且我们能够根据动力的或/和信息处理的术语对它们进行描述"[2]。也就是说，原来我们视为完全由神经过程

---

[1] Clark A. Pressing the flesh: a tension in the study of the embodied, embedded mind? [J]. Philosophy and Phenomenological Research, 2008, (76): 47.
[2] Clark A. Supersizing the Mind: Embodiment, Action, and Cognitive Extension [M]. Oxford: Oxford University Press, 2008: 89.

所解决的认知任务可以部分的交给身体和环境来分担——身体作为信息处理设备，环境工具作为存储和编码设备，因此问题求解是由神经、身体和环境共同协作、多重实现的。这样一来，克拉克称之为"更大的认知系统"的框架便形成了。这种认为认知任务由神经系统、身体与环境协同实现的路径，我们可以将其称为"部分置换"，以区别于传统功能主义。

以身体为例，克拉克以巴拉德所做的积木复制实验为基础详细阐释了在任务的实时处理过程中，身体是如何部分地进行某些计算和表征操作的。在该实验中，被试被要求复制由所给出的彩色积木组成的图案模型。巴拉德的实验表明，当被试重复扫视模型时，一次正好只能存储可供使用的特定的相关信息，要么是积木的颜色，要么是积木所处的位置。克拉克认为，鉴于眼睛注视的改变类似于计算机中内存引用的改变，这种注视就可被视为具有相同的计算功能。同时，眼球的扫视可以使被试利用"最小记忆策略"解决问题——脑此时运行的程序是将其所需的工作记忆最小化，而眼球运动则负责为工作记忆提供新信息。因此，在这个复杂的视觉认知任务中，计算信息处理是由眼部运动、脑和记忆负荷之间的交替互换而实现的，在不同的阶段适用不同的运算。[①]

这种"部分置换"式的多重实现路径，在克拉克对于环境的分析中就更加凸显。[②] 克拉克指出，在一些复杂的问题求解中，符号编码的产生和存储并不在头脑之中，而是在我们可以利用的其他外部工具之中。借助身体活动，脑可以根据外部的符号表征持续地调整其内部的表征和内部的计算策略。也就是说，计算信息处理，不再打包式的完全在头脑中运行，而是被细分为各项子信息处理，环境也承担了一部分信息编码和信息存储的任务。而"认知任务正是在这种广义计算的帷幕下，在脑、身体与环境的平衡共舞中，通过他们之间一系列累积的状态转换而解决。"[③]

三、延展认知中的身体观

正是因为延展认知理论中的功能主义立场，使得它与其他的具身-嵌入研究方案在对待"身体在认知过程中的作用"问题上产生了分歧。克拉克明确提

[①] Clark A. Pressing the flesh: a tension in the study of the embodied, embedded mind？[J]. Philosophy and Phenomenological Research, 2008, (76): 44-47.
[②] 相关例子参见 Clark A, Chalmers D J. The extended mind. Analysis, 1998, (1): 7-19. 此处不再赘述。
[③] Clark A. Pressing the flesh: a tension in the study of the embodied, embedded mind？[J] Philosophy and Phenomenological Research, 2008, (76): 50.

出，在当前具身-嵌入认知研究中，在强调人类具身与强调环境嵌入、介入的两种解释之间存在一个潜在的矛盾。但是，因为两者都通用具身概念，所以这个矛盾被忽略和掩盖了。[①] 身体和认知到底是什么关系？或者更确切地说，在何种意义上，身体在认知过程中发挥了重要作用？两种解释的回答并不相同。

为了便于区分，克拉克把认为人类身体对于其心智状态和属性发挥了特殊的、不可取代的作用的观点称为"特殊作用理论"（the special contribution story）；把认为心智、认知和心灵状态是由身体活动、环境结构和脑构成的更大的、整体的处理机制决定的观点称为"更大的机制理论"（the larger mechanism story）。

"特殊作用理论"旨在强调身体在人类知觉经验、人类的思维和推理中具有不可替代的作用，要拥有人类的经验和思维就必须配备人类的身体。这种观点在具身的知觉-运动研究中尤其突现。夏皮洛（L. Shapiro）认为，"如果没有身体的参与，心理过程就不完整"。以人类视觉为例，它涉及大量的感知运动，包括获取物体本身信息的眼球运动、获取物体所处背景信息（例如物体的相对距离、差异性、阴影部分等）的肢体运动，这些运动不仅仅是在协助视觉，其本身就是视觉处理的一部分。"这意味着对各种知觉能力的说明并不支持身体中立，这也意味着一个不具备人类身体的有机体将不可能拥有人类视觉和听觉的心理特点。"[②] 奥雷根和诺伊也从知觉和运动技能的共变性和依赖性出发，指出"在某种程度上，如果知觉是由拥有和实施身体性技能而构成的，那么知觉也可能依赖于拥有那种能够包含这些技能的身体，因为只有拥有这样的身体才能够拥有这些技能。按照这种推理，如果要能够像我们一样感知事物，就必须拥有我们这样的身体"[③]。

克拉克明确反对这种观点，批评"特殊作用理论"过分关注人类具身性和知觉器官的所有细节，他认为，"人类经验部分地依赖于其自身许多独特的具身性特征这一事实，并不能推导出只有如此具身之生物体才拥有该种经验"。[④] 相反，它的推论应当是如下两个命题：其一，"对于我们人类，和其他平等的生物相比，如果我们不具备这种独有的特征（即具身性），我们就不会拥有该种经验"。[⑤] 其二，"对于我们目前所接受的其他生物而言，它们也可能拥有该种相同

---

① Clark A. Pressing the Flesh: A tension in the study of the embodied, embedded mind？[J] Philosophy and Phenomenological Research, 2008,（76）: 46.
② Shapitro L. The Mind Incarnate. Cambridge: The MIT Press, 2004: 190.
③ Noë A. Action in Perception. Cambridge: The MIT Press, 2004: 11.
④ Clark A. Pressing the Flesh: A tension in the study of the embodied, embedded mind？[J] Philosophy and Phenomenological Research, 2008,（76）: 43.
⑤ Clark A. Pressing the Flesh: A tension in the study of the embodied, embedded mind？[J] Philosophy and Phenomenological Research, 2008,（76）: 43.

的经验，尽管它们拥有不同的感知组织、运用了不同的具身形式"[1]。

在克拉克"更大的机制理论"中，身体、环境和头脑组成了一个更大的动力系统，认知状态是由系统整体的功能属性决定的。如果说身体结构和环境的嵌入具有非常独特的性质，那也是因为它们分别对其所承担的信息处理过程中的某个环节或子任务的处理形式有所不同。而且这种"不同"并不足以导致没有这个身体就没有这样的认知、心灵状态的结果，因为起作用的不是系统组分本身的质地、构成，而是系统组成与其他组分交互作用而产生的功能状态。因此，在克拉克看来，上述两个命题是连贯的，并不矛盾：首先，认知并不仅仅是在脑中产生的，根据"部分置换"的多重实现路径，它是由分布于身体、环境和脑的这个更大的动力系统的整体的功能属性决定的；其次，就身体而言，身体仍然是在特定的系统中发挥着功能性的角色，因此，只要其他有机体的身体在信息处理过程中起到相同的功能作用，人的身体也是可替换的。

就如何界定身体与认知的关系问题而言，我们可以从以下三个层次来比较"特殊作用理论"和"更大的机制理论"的异同。其一，就认知过程是否包括身体结构和环境因素来看，"特殊作用理论"认为认知存在于身体与环境之间的耦合过程之中，身体在认知中的关键作用在于身体所拥有的、能够与特定认知任务相协调的知觉－运动能力和行动。"我们应当将认知理解为一种由行动产生结构的能力……并且行动以基本的知觉－运动行为为基础。"[2] 可以看出，在这里，身体对于认知具有决定作用。"更大的机制理论"也认为身体在认知中具有特殊的重要作用。具体而言，身体是意志力行为发生的场所、知觉－运动交汇之所在、智力卸载的通道（能够使我们运动外部环境简化或转换内部的问题求解），以及信息处理计算过程中可以依赖的稳定的平台。[3] 但是，身体并不能决定认知，而是影响认知，因为身体只是在更大的认知动力系统中共舞的其中一分子。

其二，就身体在认知中是否可以被替换而言，"特殊作用理论"认为认知活动需要身体的运动，"知觉者能动地参与到环境中……并且对于知觉的形成而言，

---

[1] Clark A. Pressing the flesh: a tension in the study of the embodied, embedded mind？［J］Philosophy and Phenomenological Research，2008，（76）：43.
[2] Engel A，Maye A，Kurthen M，Koenig P. Where's the action？ The pragmatic turn in cognitive science. Trends in Cognitive Science，2013，17（5）：202-209.
[3] Clark A. Pressing the flesh: a tension in the study of the embodied, embedded mind？［J］Philosophy and Phenomenological Research，2008（76）：58-60.

最小程度的眼部和身体运动是必要条件"[1]。也就是说，它主张离开了身体的活动，认知任务无法完成，即身体对于认知的实现具有不可替换的作用。而"更大的机制理论"则反对前者的观点，因为同一个信息处理过程可以通过不同的分配方式来实现，身体作为处理过程中的一个功能性步骤，也是可以被替换的。

其三，就身体与人类的意识体验，尤其是感受质问题而言，"特殊作用理论"认为感受质不与抽象的算法相关联，而是与作为肉身的身体的参与相关联。以视觉为例，"视觉经验是按照知觉－运动系统自身的规范而产生的，并且这些规范由我们的视觉器官预先规定……（因此）不同的身体会产生不同的经验状态"[2]。"更大的机制理论"则将经验视为系统整体的高层次属性，它是由系统组分间特定的功能性状态转换所决定的。同一种经验状态完全可以通过下游处理器间不同的排列处理模式实现。

我们担心"特殊作用理论"似乎在将身体问题变得神秘化。认知、意识体验都经由身体产生神奇的效应，身体的特殊性似乎被贴上了神圣的标签。那么身体的特殊性到底为何？从知觉－运动的隐性知识、知觉－运动能力到知觉－运动结构等解释中，我们看到身体似乎在被过度的肢解和放大。反观"更大的机制理论"，它将身体的各项作用都通过身体在认知中所承担的计算功能予以解释，倒有一种"如无需要，勿增实体"的简洁之美。

对于"更大的机制理论"，最大的质疑来自其功能主义立场是否与具身性相矛盾。我们认为需要厘清具身中的"身"到底是什么。如果在"特殊作用理论"中，将"身"界定为"人类的肉身"，就会与闭锁综合征的实证证据相矛盾。（闭锁综合征患者全身瘫痪，丧失了知觉－运动能力，但是他仍然意识清醒，认知功能健全。）因此，我们赞同"更大的机制理论"的做法，从广义上将"身"理解为一种媒介——行为借以发生的媒介、使头脑内部资源与外部物质资源相连接的媒介。只要能够充当这种媒介的，都可以被视为"身体"。这样一来，它既与功能主义相一致，又解释了闭锁综合征的脑机接口技术。

当然，当我们坚持功能主义的多重实现理论时，并不一定会推导出延展认知这种忽略认知界限的极端假说。事实上，延展认知理论最大的缺陷在于并没有给"认知是什么"做出严格的定义，混淆了构成性与因果性之间的差异，具体问题我们会在下一节中展开。

---

[1] Noë A. Action in Perception. Cambridge: The MIT Press, 2004: 64.
[2] O'Regan K, Noë A. A sensorimotor account of vision and visual consciousness [J]. Behavioral and Brain Science, 2001, (24): 939-1031.

第三节 认知动力系统中的认知边界

一、关于延展认知的研究现状

认知科学爆发的革命，使得心灵哲学因新出现的经验主题而被扩展——从对心灵本质的纯理性思辨，转向对心灵的认知原理、认知过程的剖析。过程必然涉及界线、边界。那么，心智是否有边界？它的边界在哪里？

如前所述，在当前具身动力主义认知理论这一新的认知研究范式的推动下，一些学者提出了一种延展心智（the extended mind）的观点，主张认知过程超出了大脑和身体的界限，延展到了物理世界。他们认为，在真实的智力行为中，思维和观点，尤其是实现思维、观点的物质工具在空间上被分配到大脑、身体和世界中，因此皮肤之外的相关的外界因素也应当平等地被视为是认知的。传统的认知理论是否就如他们所言是一种"内在论"？系统间的耦合机制是否能将工具性质的外在事物纳入认知系统，赋予其认知地位？认知界限的划定是应当依照认知过程所及的范围还是遵从认知的本质，或者认知的特征来界定？

事实上，延展认知将人类认知过程中所运用的外部物质工具纳入认知系统中，甚至将延展认知假说进一步扩展到延展心灵假说，极大地挑战了传统哲学关于心灵的界定，引起了一场关于认知边界、心灵本质的大讨论。当参照人类心智的某部分或多个部分创造出来的人工智能装置和作为自然生命体的人类在完成或实现同一个认知任务时，它们具有何种不同的认知地位，是量的差异还是质的区别？当延展认知认为两者应当同等对待，主张认知加工横跨了脑、身体和环境时，这一观点的确"疯狂"。但是在这"疯狂"的假说背后还夹杂了一些被认知科学领域所普遍认可的观点，包括耦合、认知系统及功能主义等，因此延展认知理论赢得了"持续增长的兴趣和支持"。尤其是延展认知的功能主义立场，获得了持功能主义观点的学者的支持，包括梅纳里[①]、维勒[②]、罗兰兹[③]等。

---

① Menary R. Cognitive Integration: Mind and Cognition Unbounded [M]. Basingstoke: Palgrave Macmillan, 2007.
② Wheeler M. Reconstructing the Cognitive World: the Next Step [M]. Cambridge: MIT Press.
③ Rowlands M. Externalism: Putting Mind and World Back Together Again. Chesham: Acumen, 2003.

当然，对于延展认知理论批判的声音也不绝于耳，亚当斯和埃扎瓦[1]、鲁伯特[2]（R. Rupert）和斯普瑞瓦克[3]（M. Sprevak），以及我国哲学家刘晓力、朱菁和李恒威等都从不同的角度提出了自己不同的观点。目前，关于延展认知的争论主要涉及以下五个方面：

（1）关于耦合的谬误。亚当斯和埃扎瓦提出延展认知论题中一个基本的推理错误是"耦合-构成谬误"。他们指出，在认知中耦合和构成不同，一个事物或过程X被耦合到一个认知系统Y中，并不蕴含着X就是Y的构成部分，但是延展认知论题却将它们等同起来。支持延展心灵的梅娜瑞则辩称亚当斯和埃扎瓦所提出的"耦合-构成谬误"本身就是对耦合关系的误解。延展认知的目的不是要显示一个外在物X成为认知的一部分是因为它被耦合到已经存在的认知主体Y中，而是要解释X和Y如何一起协调、互补，从而发挥像Z一样的功能并导致进一步的行为，因此从认知任务的处理来看，必须结合外在与内在过程的整合来理解。

（2）关于认知的标志。亚当斯和埃扎瓦承认在所有人类工具使用过程中，认知过程是与外在世界中的非认知世界交互，但是二者具有质的不同，因为一个过程或状态是认知过程必须具有其相应的标志，包括具有内在的、原初性的内容以及能够被因果地个体化这两个标志。克拉克和查尔莫斯则反驳认为"内在内容"是个很脆弱的概念，例如意义是关于习俗的；存储的信念表征虽然与"内在的"紧密关联，但是这种关联的获得是针对存储与大脑之外的表征而言的。

（3）认知过程的确极大地依赖于外在环境和脚手架，但不能把环境与脚手架同等的视为认知过程本身的一部分，从环境对认知的作用来看，认知是嵌入式的（embedded），而非延展式的。克拉克对此反驳道，同等原则并不要求延展认知论证内在的部分和外在的部分在功能上有精细的相似性，而是旨在说明我们对于外在的部分和其转化的方式在生物体中的作用与地位所应采纳的态度，不是要求它们与内在部分有深度的相似性，而是在断定什么属于认知领域时，给予内在部分与外在部分同等的机会。

（4）关于延展功能主义。斯普瑞瓦克认为，功能主义必然包括了延展认知论题，但是功能主义所包含的激进的延展认知却是克拉克和查尔莫斯所不能接

---

[1] Adams F, Aizawa K. 认知的边界[M]. 黄侃译, 李恒威校. 浙江：浙江大学出版社, 2013.
[2] Rupert R. Challenges to the hypothesis of extended cognition [J]. the Journal of Philosophy, 2004, 102（8）: 389-428.
[3] Sprevak M. Extended cognition and functionalism [J]. the Journal of Philosophy, 2009, 106（9）: 503-527.

受的，如果对功能主义进行改良以防止其激进的结果，却又会使延展认知落入亚当斯、埃扎瓦等所提出的批评中，因此延展认知论题所面临的选择是要么接受功能主义和激进的延展认知论题，要么彻底放弃延展认知论题。而克拉克等所提倡的温和的延展认知论题是不成立的。维勒则站在捍卫延展功能主义的立场上，指出延展认知只是基于同等原则赋予外部环境或认知工具认知的地位，而不是完全抛弃脑或者脑神经的核心地位，它是从内外间交互机制出发，从内外部因素对于认知过程所发挥的功能而言的，这种延展功能主义并非计算主义中的功能主义。

（5）关于延展认知论题对认知科学研究的效用性。鲁伯特认为延展认知论题对于认知科学发展出具有可行性的研究取向的前景不容乐观：就人工智能而言，当人工智能系统把物理环境中的诸多要素加入其中时，不会减少该系统的灵活性，且难以分清该延展系统内何为智能的，何为非智能的；就认知心理学而言，要理解认知现象核心则在于理解在系统发展过程中所获得的较好的认知技能，这些认知技能主要是一种单一的、历史整合的关联系统的技能。虽然发展的系统与周围环境相整合，但是这对于发展的理论则具有较少的合理性，故而不被视为稳定的、整合系统的一部分。因此，接受延展认知会丢失认知心理学所取得的许多进步。克拉克则认为延展认知并不会使认知科学付出较高代价。克拉克指出延展认知论题与具有持续的、共同的生物核心的观念不冲突，它不会丢失稳定的、持续的生物神经束在认知结构体中的核心地位。相反，延展认知有助于我们理解那些机械的、被模块化的信息流，尤其是当该信息流能够帮助可识别的认知主体解决某种问题时，我们就不应当简单地围绕生物有机体进行，而应当充分考虑生物有机体与外部环境相整合的认知结构体，这样才有助于完成认知求解任务。

二、我们对延展认知及认知边界的观点

第一，对传统认知科学的非交互型特征的批判是否能反证认知边界的延展性？换言之，传统的非交互认知研究范式是一种将认知界定在大脑之中的内在论吗？

传统认知科学的主流观点与新的认知研究范式相比，的确具有非交互性的特征。传统的认知理论以心身二元论为基本哲学假定，将符号、表征、计算和算法置于认知的本质地位。"它预设了世界是被预先给予的，这种预先记忆的特

征能够通过'世界之镜'的形式是得到表征,对世界的理解就表现为我们借助符号化的表征系统对已然存在的特征进行概念化、范畴化,而认知则是有机体在被动受限的进化环境中表现出来的问题求解的能力,或者说技能。"[1]因此,传统认知理论的研究对象是有机体的内部状态和过程,其研究方法是以功能主义和计算隐喻为基础的纯粹抽象的符号表征,其研究目标是获得支配人类认知的普遍性原则。

情境认知、动力学认知及具身认知等新的认知研究范式则是基于梅洛-庞蒂的"生活世界"的具身哲学思想,认知是由具身的主体与世界实时的、持续的交互过程中建构出来的,全面理解认知发展的过程才能揭示认知的本质。梅洛-庞蒂认为,"整个世界绝不是一个已经被预设的对象,而是一个视域,这个视域将我们圈在里面,我们生活于其中,我们与世界是扭结在一起的。世界是进入人的实践领域的世界,因此在生活世界中,我们需要从认识论理性的简单性回到生活世界的复杂性,从心身分离的人回到具身心智、具身经验的人,从理论状态回到生存状态。在这个状态中,内部世界与外部世界是不可分离的,世界就在里面,我就在我外面"[1]。因此,新认知理论的研究对象是认知主体与生活世界的交互作用,其研究方法是依赖认知主体不同的经验种类,认知主体的语言、意向性行为和社会-文化-历史情境,其研究目标是揭示在多样性的生活世界中,认知的动力学模式。

以环境为例。传统观点认为,环境就是"处在彼处"(out there)而独立于我们的认知,而认知就是再现(re-presentation)该独立的环境因素。认知与环境之间没有相互影响,只是给予与接受的关系,是非交互的。而新的认知理论则认为特定的环境特征本身是一个重构的过程,环境因素始终存在于认知系统之中,即被我们感受,又承受我们行为的影响,同时,环境也会作用于我们的认知。认知动力系统的复杂性表明环境所具有的不同层次的特征是在我们特定的认知方式中得以展现的。

但是,传统认知理论将认知的本质聚焦于认知主体的内在认知过程的非交互性观念并不能纳入延展认知所批判的内在论。延展认知认为传统认知理论将认知局限于大脑之内的观点是不成立的。

如上所述,传统认知理论的研究方法是建立在功能主义假说和计算隐喻基础之上的抽象的符号表征。功能主义假设认为心智可以根据它的认知功能来研

---

[1] 刘晓力. 交互隐喻与涉身哲学——认知科学新进路的哲学基础 [J]. 哲学研究, 2005, (10): 73-79.

究，而身体和大脑作为对心智功能的实现方式则无需被考虑。从功能主义的角度看，人的心智是一个按照一定程序处理抽象符号的信息处理器，行使对输入-输出符号进行信息处理的功能。功能主义借用了计算隐喻，将人的大脑比喻为计算机硬件，即神经元、大脑皮层等生理的物质基础相当于计算机的硅片、无线电真空管及晶体管等物理构造，人的心智比喻为计算机的软件，即心智状态相当于计算机得以运行的程序，如 word、Netscape 等程序。功能主义认为，认知的本质是在这些物质基础之上运行的流程，认知的物质基础是不重要的，只需要在生理的物质基础上进行抽象并推测出心智结构。其结果必然是将认知形而上的视为一种抽象的计算机软件，能够运行在任何一种合适的硬件上。"例如，对于某个认知状态——疼痛的理解，功能主义的解释就是痛觉是一种原因与后果的机制，一种软件，可以在不同动物身上被不同的大脑所运行。假如人类和章鱼都处在一种因身体受伤害的状态中，同时又都有要避免这一伤害的愿望，那么二者就都会有疼痛的机制，尽管实现疼痛的具体物理载体不同。这就像是两个都能运行 word 软件的不同机器一样，尽管材料和构造不同，但是它们都能实现相同的机制。"[①]

因此，传统认知研究范式并没有将认知限定在大脑之内，它探究的是认知的抽象的逻辑结构，并认为这一抽象的运行机制能够在不同的物理载体上实现。事实上，克拉克和查尔莫斯在《延展认知》中所列举的佐证认知边界延展性的第一个思想实验的第三种情况——假设受试者被植入一种神经生物芯片以帮助其快速地对屏幕上出现的图形进行心理旋转，并判断其是否能与已有的图形匹配——是完全包含在传统认知理论关于认知的界定之内的。传统认知理论并不是如维勒等所界定的"颅内认知"（interscranial cognition），传统认知理论对认知内在过程的关注不是认为认知发生在大脑中，而是认为认知是内在于物质基础的抽象逻辑，它不靠外部的实在来体现自己，这里的内在是一种抽象的含义，与大脑的颅内或颅外无关。

第二，耦合是否能成为认知边界延展性的证据？

耦合是延展认知最为重要的论据。克拉克和查尔莫斯认为，"（在某些情况下，）人类机制与外在物通过双向作用的方式相联结，构成了一个就其本身可以被视为认知系统的耦合系统。在该系统中所有的组分都发挥着重要的作用，它们与内部的认知一样，以相同的方式共同地控制行为。如果我们去除外部的组

[①] 大卫·珀皮诺，霍德华·塞利娜. 视读意识学［M］. 王黎译. 合肥：安徽文艺出版社，2009：49.

分，系统的行为完整性就会降低，就好像我们去除大脑哪一部分一样。因此，我们的观点是，这样一种耦合机制应当被平等地视为一种认知过程，无论其是否完全处于大脑之中"[1]。

但是，一些仅仅是与外因上的外部环境具有耦合作用的过程，一般而言，并不能延展到外部环境中。例如，恒温器中金属条的膨胀现象。该过程通常与一个加热器或者空调相连接，以便能够在原因上控制恒温器内的温度。但是膨胀并不会延展至整个系统的过程，它只限于恒温器中的金属条。再如，肾脏对血液中杂质的过滤过程。从原因关系上看，对过滤产生影响的包括心脏对血液的泵送、血管的粗细及血液的流动等。循环系统不同部分在原因上与过滤过程的相互作用，并不能推导出过滤过程发生在整个循环过程中，而不仅仅是在肾脏中的结论。因此，当过程 P 与环境存在积极的相互作用时，并不能推论认为 P 延展到了环境之中。[2]

那么，是否存在克拉克和查尔莫斯所提出的相关的外部因素对人类有机体产生的一种直接的影响力？这种直接的影响力并不仅仅是原因力，而是发挥了积极的、核心的作用，从而"使世界与有机体形成了一个封闭环，外部世界不再是悬荡在长长的因果链条的另一个末端"的情形。克拉克和查尔莫斯列举了一个例子来说明这种直接的作用力。假设①被试 A 坐在电脑屏幕前，通过心理旋转的方式将屏幕上方落下的几何方块嵌入到屏幕下方给定的图形中，它们之间必须匹配才能过关。②同样的游戏，被试 B 除了运用心理旋转的方式，还可以通过一个按键以一种物理的方式完成几何方块的旋转，这两种方法他可以选择。他们认为②中旋转按钮与①中的心理结构发挥着相同的功能，都对行为产生了直接的作用力，它们之间并没有原则性差异，因此②是一个可以证明延展认知的例子。

在①中，我们认为心理旋转过程是行为的直接作用力。但是在②中，旋转按钮却不是行为的直接作用力。从目前心理学的研究成果来看，它至少包括了以下认知因素：与旋转按钮相关的肌肉活动、注意机制、选择何种方式的决定机制，以及对按钮及其使用的记忆机制。旋转按钮和上述认知因素结合起来才会导致行为的完成，这种物理的外部因素只是众多原因力的一分子，远远达不到核心地位的标准。亚当斯和阿扎瓦指出，在积极外在论所列出的认知过程与颅内认知之间还有两个原则性的差异：其一，颅内认知涉及原初性的表征，而

---

[1] Clark A, Chalmers D. The extended mind [J]. Analysis, 1998, 58 (1): 7-19.
[2] Adams F, Aizawa K. The bounds of cognition [J]. Philosophical Psychology, 2001, 14 (1): 43-63.

颅外认知却没有，在①的认知过程中，对方块及其在屏幕上的旋转使用了心理表征，而在②中按动按钮产生的方块旋转没有表征过程，它们仅仅是方块而已。其二，大脑中的因果关系完全不同于电子荧光屏上电子的激发过程，否则心理学就没有必要对多样化的认知因素进行再认和控制。[①]

"耦合"这个概念是认知的动力学研究理论在对传统符号表征进行批判时所运用的一个重要论据。例如，冯·盖尔德、西伦及比尔等动力主义者认为，认知是一个认知系统，认知智能体是嵌入到环境中的、实时的及适应性的行为，它是智能体-环境的统一体。这个统一体不是外在的连接，而是源于动力系统中变量的耦合，环境状态与智能体状态之间同时、持续地相互作用，这种耦合如此紧密，以致在感觉输入和运动输出之间没有表征的存在空间。应当说，耦合在解释人的认知发展、认知的形成过程中功不可没，它论证了不可能存在传统认识论意义上的完全独立于环境的认知主体，认知主体与环境不可能完全去耦，完全的表征是不存在的。[②]但是，将对认知发展过程的理解转换为认知系统中所有变量都具有认知地位的解释，则有过分解读之嫌。认知形成机制涉及的因素是否具有认知地位、是否发挥认知的功能并不因其身处认知系统之中而被简单的断定，而是必须通过分析该外在因素的本质以及结合认知的标准来判定。

三、认知边界之于认知标准的反思

延展认知理论的推理过程可以简单地概括为把认知过程所及的范围理解为认知的界限，进而又把认知界限理解为认知的标准，因此导致了认知会延展到作为工具的外部环境之中的结论。这一观点的直接后果就是既然与认知过程有因果联系的任何因素都是认知过程的一部分，那么认知就会渗入到物理世界的所有事物中。克拉克把这种现象称为"认知膨胀问题"（the problem of cognitive bloat）[③]。我们认为这种观点的缺陷在于对认知的本质缺乏论证，并最终会导致一种泛灵论，即认为万物皆有灵，所有事物都是认知的这一观点。这显然是错误的。

当然，延展认知理论也从反面启示了学界对认知标准——什么才是成为认

---

① Adams F, Aizawa K. The bounds of cognition [J]. Philosophical Psychology, 2001, 14（1）: 43-63.
② 李恒威. 表征与认知发展 [J]. 中国社会科学, 2006,（2）: 34-44.
③ Clark A. Supersizing the Mind [M]. New York: Oxford Universit Press, 2008: 8.

知有机体的标准的思考。亚当斯和阿扎瓦尝试性地提出了认知的两个必要条件：第一，必须具备源初性内容，如果一个过程没有源初性内容，该过程就是一个非认知过程。他们认为意义的获得依赖于认知主体的表征能力，这一点对自然物的心理表征适用，对具有衍生内容的物体的心理表征也适用。前者如对树木、岩石、鸟的心理表征是一种对自然物的表征，是源初性的，它们的意义是通过认知有机体的表征能力获得的。后者如对单词、交通信号等的心理表征就是对衍生性物体的表征，它们的意义并非来自约定俗成的传统或社会惯例，仍然是来自认知者的表征能力。第二，由某种核心的因果关系构成。亚当斯和阿扎瓦指出，科学的目的就是要探求现象背后的、并奠定该现象的真正因果的过程，科学的使命就是要将现象世界区分为因果上同质的状态和过程。例如，我们并不会认可通过图灵机测试的机器就是一个认知主体。当人类和智能机器人在面临相同的情境时，他和它"脑"中发生的过程完全不同。[1] 我们认为，亚当斯和阿扎瓦的两个条件综合起来看，似乎是功能主义和物质主义相综合的观点，强调心理表征内在的神经生理学基础，并从因果关系的角度理解心理表征。如前所述，功能主义对认知的形而上的抽象理解会导致颅外认知存在逻辑上和理论上的可能性，因此这种对于延展认知的批判只是一种有条件的经验性批判。

尽管新的认知范式对传统的符号表征提出了质疑，甚至被一些激进的动力主义学者完全否定，但是表征这一心理结构对于人类相对独立的内心世界的刻画是无法否定的。因此，本书认为，表征能力虽然不是认知的充分条件，但可以认为是认知的核心标志。李恒威、黄华新根据埃德尔曼、维果斯基和乔姆斯基等对生物体认知水平的演化史研究，提出认知能力大致具有三个发展水平，感觉运动认知（最初的认知水平）——意象认知（初级认知水平）——语言认知（高级认知水平），[2] 我们认为是公允的。

在这三个认知层面中，人类与其他物种间认知活动最重要的区别就是语言表征。单就人类个体而言，随着其智力水平的成熟，会逐渐地获得语言认知能力，即使其认知活动始终与环境紧密相关，他还会继续运用感觉运动认知、意象认知，但是语言认知时刻渗透其中，并对最终的行为发挥最主要的作用。

最后，应当指出，认知科学毕竟还是一门不够成熟的科学，人的认知到底

---

[1] Adams F, Aizawa K. Defending the bounds of cognition [A] // Menary R. The Extended Mind. Cambridge: The MIT Press, 2010.
[2] 李恒威. 表征与认知发展 [J]. 中国社会科学, 2006, (2): 34-44.

是如何运作的，如何界定认知的本质，至今尚未有统一的定论。一切有关认知的哲学思考和科学推论只能依靠目前心理学、复杂科学、人工智能及神经科学等相关科学所获得的研究成果。但是，毫无疑问，随着新的实践研究范式的产生，新的认知隐喻和哲学观念会进一步加深我们对认知、世界和自我本质的理解和思索。

第四章 认知动力主义与心灵因果性问题

　　心-身问题是心灵哲学中的传统命题，它阐述的问题是关于心灵事件、属性、状态及运作与身体的物理事件、属性、状态及运作之间的确切关系。尤其是，它们之间看上去彼此完全独立的两个领域，是如何具有因果关系的？它包括身体的物理反应是如何引起心灵现象的以及心灵现象是如何引起身体的物理反应这样两个问题。随着当代神经生理科学的飞速发展，这个问题在一定程度上又被转换为了心与脑的问题，即脑中的生物电反应与心灵现象之间的关系问题。也包括脑神经的激发是如何引起心灵现象，以及心灵现象是如何引起神经元的激发，并进而导致行为的产生的。这两方面的问题都很重要，值得被作为独立的问题加以讨论。

　　心灵因果关系问题在当代被大多数哲学家描述为这样一个问题，即既然实在的物理世界在因果效力上是封闭的，那么非物质的心灵现象到底是如何具有在实在世界中的物理效果的？从定义上，可以看出，心灵因果关系面对的是心灵在物理世界的因果效力问题，是传统心身问题的一个方面。

　　确定心灵对于物理世界的因果力最基础的问题是对于心灵的界定问题。心灵哲学可以被分为两个宽泛的种类：二元论和物理主义。界定为"宽泛"，是因为当代认知哲学对于心智的研究呈现出十分复杂的局面，二元论和物理主义都获得了极大的发展，出现了种类繁多的理论。这些理论在对于心灵的因果效力上也各不相同。例如同是物理主义的，还原路径与非还原路径在对待心灵因果关系时，前者赞同副现象，而后者主张下向因果。同时对于非还原的物理主义到底是偏向于物理主义还是属性二元论，也存在争议。

因此，本书先梳理传统心灵因果关系的理论，包括各种形态的二元论、唯心论、还原物理主义和非还原物理主义，总结出这些传统理论涉及的三种心灵与物质的关系；然后论述动力主义理论对于心灵因果的新发展。之所以对塞尔的心灵因果关系略加说明，是因为本书认为塞尔的生物学自然主义在某种程度上是对下向因果关系的一种朴素解释，它有助于我们更好地理解动力认知系统理论所提供的下向因果关系。

第一节　传统心灵因果关系理论

一、二元论

（一）笛卡儿实体二元论的难题

笛卡儿认为，心灵和身体是两种不同类型的实体，它们在人的生命过程中只是偶然相关。笛卡儿的二元论尽管在当代受到诸多诘难，并被认为是导致臭名昭著的心-身问题的根源，要解决心-身问题，必须抛弃二元论，正如丹尼特曾说过的，接受二元论就等于放弃。[①] 但是由于物理主义还原论在心灵因果关系上所面对的困境，使得笛卡儿的二元论获得了新的发展，形成了一种"属性二元论"的非笛卡儿二元论的二元论版本。

笛卡儿的二元论对心灵实体与物质实体做了如下区别：①物质的对象是占有空间的，它们在空间中占据着一个位置并展现出空间的维度；而心灵的对象，如思想和感觉，显然并不占有一个空间。笛卡儿认为对于感觉而言，尽管我们能够经验到发生在我们身体的各个不同部位的疼痛和别的感觉，但是我们并不会认为这些部位的疼痛经验所发生的地方就是这些部分。②心灵和物质存在重要的性质上的区别。我们所意识到的经验的性质与任何可以知觉到的物质对象的性质完全不同。例如，当你正在经历疼痛时，一个正在观察你的神经系统的神经科学家在你的神经系统中找不到任何在性质上与你的疼痛相似的东西。[②] 即

[①] 丹尼尔·丹尼特.意识的解释[M].苏德超，李涤非，陈虎平译.北京：北京理工大学出版社，2008.
[②] 当代神经认知科学在对于意识的神经相关物的研究中，提出一些关于意识神经相关物对于意识产生机制的假设，将意识状态与神经元的反射过程或者神经元的整合状态相等同，但是这仍然是一种隐喻，神经元的生物电反应的性质不同于在心理的性质。

心灵的性质不是物质对象的性质，心理的性质在类上不同于物理的性质。③心灵与物质在认识论上也存在重要区别。笛卡儿认为，我们自己关于自己心灵状态的知识是直接的、不容置疑的，我们拥有到达自己心灵状态的"优越通道"（privileged access），我们关于我们自己所处的心灵状态的知识是不可能出错的。如果你处在某个特定的心灵状态之中，那么你便知道你在这种状态之中，而且如果你相信你处在某个特定的心灵状态之中，那么你就处在那个状态之中。约翰·海尔指出，即使在当今认知科学家所研究发现的心灵的大部分状态和活动都是无意识的背景下，笛卡儿所提及的我们通向我们心灵状态的直接性，仍然构成了与物理现象的重要区别。因为这种直接性表明心灵状态是私人的，它们只能让拥有它们的人直接观察到，外人只能通过它们的物质后果来推测它们。我们对你的心理生活的观察永远不可能像你自己观察的那样，是直接的。而物质对象则完全不同，物质的东西是公开的，如果你可以从一个角度观察到一个物质对象或一个物质对象的状态，那么任何具有相应的身体结构的人都可以从你观察的角度去观察它们，对于物质对象而言，是不存在我们在心理事件中所发现的不对称路径的。①

笛卡儿认为，世界是由实体构成的。其中，所谓实体（substance）是指个别的事物或存在物，而不是指事物的种类，或者泛指某种材料。例如，当我说我用来喝水的这个杯子时，这个杯子就是一个实体，但是当我说构成杯子的玻璃时，玻璃本身就不构成一个实体。简而言之，实体是指作为个体的事物。属性（property）则是由实体所拥有的一种东西，属性与实体不可分割，没有完全没有属性的实体，而不可能存在游离于实体之外的属性。例如，一个杯子，具有颜色、性质、材料，甚至功能等方面的属性。笛卡儿讨论的不是属性，而是特性（attributes）和样式（modes）。特性是使一个实体成为这种实体的东西，样式是特性得以实现的方式。笛卡儿认为，一个实体之所以是物质实体是因为它具有广延的特性，而一个实体之所以是心灵实体则是因为它具有思维的特性。广延就是占有空间，实体因其广延属性（占有一定空间位置）而具有的特定的性质和大小就是样式。就思维特性而言，笛卡尔将日常生活中我们视为心灵状态的任何东西，例如感觉、映像、情感、信念和愿望，都作为思维的一种样式。

因此，笛卡儿认为，每个实体都只能拥有一种特性。广延和思维是互相排斥的：如果一个实体具有广延的特性，它就不能具有思维的特性；如果一个实

---

① 约翰·海尔. 当代心灵哲学导论 [M]. 高新民, 殷筱, 徐弢译. 北京: 中国人民大学出版社, 2006: 17-18.

体具有思维的特性，它就不具有广延的特性。而心灵是思维的实体，身体是广延的实体，因此心灵不同于身体。

事实上，笛卡儿的二元论并不是要否认心灵与身体之间具有密切关联，而是认为心灵与身体之间存在因果关系。尽管经验的性质与物质的性质存在明显的不同，前者是思维的样式，后者是广延的样式，但是它们之间还是互相关联的，方式就是这个世界和我们关于这个世界的经验之间有一种相互关联和一一对应的关系。正是这个关系的存在，使我们可以把经验的性质看作是物质世界的性质的标记。

笛卡儿的二元论不仅非常吻合我们的生活常识中的设想，也可以解释科学的物理解释与我们经验间的差异。例如，在日常生活中，我们认为我们拥有我们的身体，但是我们的身体并不完全等同于那个自我。就科学解释与意识体验之间的矛盾而言，物理学告诉我们所欣赏的乐曲不过是琴弦在空气中的振动，认知神经科学告诉我们这是知觉感受器所输入信息而产生的神经元的生物电反应，但是这种对物理对象的性质的解释完全不同于我们心灵中所出现的体验的性质。

但是尽管如此，与接受二元论相比，还存在一个更为严重的不利后果。既然心灵和身体是两种不同的实体，那么就难以说明这两种不同的实体之间的相互作用是如何可能的。一个非物质的心灵中的事件如何能够改变一个物质对象？一个物理事件如何能够在非物质的心灵中引起一个变化？这与我们现代科学的前提发生了冲突。该前提假定物质世界是一个因果闭合系统，即对一物理事件的完全的因果解释就是诉诸它的所有物理原因所作的解释。

笛卡儿认为，心灵是通过大脑中的松果体与身体相互关联的。在松果体内微粒的运动中任何微小的变化都可以通过神经系统传遍全身，进而引起肌肉收缩，最终导致身体的运动。松果体是由微粒组成的，微粒的活动也是符合物理法则的。如果心灵要在松果体中造成一个结果，那么它必须以某种方式对这些微粒的活动产生影响。但是，这种影响势必违反控制该种活动的自然法则。然而，既然我们认为物理世界在原因上是自我封闭的自然法则不可违反，那么心灵对于物理世界的原因力就不存在，除非笛卡儿所提供的心灵的定义本身是错误的。

笛卡儿二元论所遇到的最大障碍是由物质实体和非物质实体之间的因果相互作用导致的，因此，在维持二元论本体论的前提下，哲学家提供了一些对于心灵与物质相互作用的方案。

（二）平行论方案

莱布尼茨是平行论最著名的支持者。平行论坚持笛卡儿将世界区分为广延的物质实体与思维的心灵实体的观点，但是否认物质实体与心灵实体之间可以发生相互的因果作用。试想你不知道装满水的水杯的温度，你端起了这杯水，由于水太烫，你感受到难以忍受的疼痛体验，并松开了手。在这一系统事件中，有心理事件，也有物理事件，从我们的日常经验来看，它们之间是具有因果关系的，即端起水杯→疼痛的感觉→逃避疼痛的愿望→松开手。但是平行论却认为，心理与物质间好像具有相互作用，然而这种现象不过是一种表面现象，是一种幻觉。事实是存在两个系列，即端起水杯→松开手物理系列和疼痛的感觉→逃避疼痛的愿望心理系列，而且这两个系列是相互平行的。你端起水杯这个物理事件先于你疼痛的感觉这个心理事件，留下了前者先于后者的错误印象。同样当你松开手，你仍然错误地认为是你的决定引起了该行为。平行论认为，心灵中的事件与物质事件是系统共变的，但是它们之间并不存在因果联系。

当然，A 可以与 B 相共变的确不意味着 A 就能引起 B。但是，关于心灵事件与物理事件相共变的结论，这不过是把两者间的因果关系向后延缓了一步。因为，既然这种共变是系统的、普遍的，那么或者 A 与 B 都是由 C 引起的，即心灵事件与物理事件相共变的原因是什么呢？平行论对此给出的一种解释是"这只不过是一种关于我们这个世界的、不可能再作进一步解释的严酷事实。这种解释当然是不能令人满意的。平行论对于心灵事件的系列与物理事件的系列之间的共变既是普遍的又是系统的这一事实的另一个解释是上帝。上帝的干预使得物理系列和心灵系列平行发展。平行论辩称，上帝按照心灵王国中的事件与物理王国中的事件能够共变的方式一劳永逸的创造了一个由服从于永恒的自然法则的物质实体和服从于永恒的心理法则的心灵实体所共同组成的世界。正如一个钟表匠设计了两只完全同步运转的钟，这两只钟的运转是共变的，但这种共变并不是由它们之间的因果作用，而是由于一个钟的内部调节精确的反映另一个钟的内部调节。[①]

事实上，这两种解释都可以被归入神秘主义，无论是无法解释还是诉诸上帝，都没有为我们提供一个值得相信的理由。

[①] 约翰·海尔.当代心灵哲学导论［M］.高新民，殷筱，徐弢译.北京：中国人民大学出版社，2006：28.

（三）偶因论方案

偶因论是平行论的一个变种，其代表人物是尼古拉斯·马勒伯朗士（Nicholas Malebranche）。该假说认为上帝心理系列和物理系列中发挥着更积极的作用。以平行论中的例子为例，偶因论认为端起水杯、疼痛的感觉、逃避疼痛的愿望、松开手这四个事件之间彼此并不存在因果关系，是上帝分别导致了这四个事件的发生。在这个情况下，上帝的作用类似于原因的作用，但是又不同于原因的作用。

平行论和偶因论都是在试图承认心灵实体与物理实体的区分之上，解决它们之间的相互作用问题。但是从它们的理论来看，它们是通过否认心灵事件与物理事件之间的相互作用，并进而对这种表面上的相互作用给出解释来解决这一问题的。然而，诉诸上帝并没有解决原来的问题。在笛卡儿那里，上帝也不是一个心灵实体，而是第三种类型的实体。但是，将第三种实体纳入到心灵实体如何对物质实体施加影响的解释中，只是再现了笛卡儿关于心灵实体与物理实体之间相互作用的难题，它没有解决原有的难题，只是用相同性质的另一个难题将原有难题搁置起来而已。

但是，海尔认为，或者批评偶因论没有解决心灵因果关系的职责是不公平的。偶因论在某种程度上是以因果关系的一个普遍命题为出发点的。这个普遍命题是对一个事件导致另一个事件发生的理解。我们通常将一个事件紧跟着或伴随着另一个事件与一个事件需要以另一个事件作为原因的情况区分开来，但是我们有什么依据判断事件之间存在因果联系呢，这种联系的特征是什么？偶因论对于因果关系的形而上设想是，这些事件之间并没有真正的联系，而只有纯粹的先后顺序。偶因论证主张，我们之所以认为两个事件处在因果联系中，不是因为我们观察到的第一个事件导致或决定了第二个事件，而是由于这个事件顺序与我们所观察到的事件顺序相类似。这种观点被普遍视为是休谟的彼此相似事件的恒常共现原则（详细论述在本节的后面部分），但是，早在休谟之前，偶因论者马勒伯朗士就提出了这样的恒常性原则。[1]

既然偶因论在其形而上的预设中，认为因果关系不过是不同类型事件之间的恒常性，那么这种恒常性不仅存在于纯粹的物理事件的顺序之中，而且也存在于既有心理成分又有物理成分的事件的顺序之中。某种类型的事件后面总是伴随着另一种类型的事件，是因为事件的出现是独立的，任何事件都没有引起

---

[1] 约翰·海尔.当代心灵哲学导论[M].高新民，殷筱，徐弢译.北京：中国人民大学出版社，2006：28.30.

另一个事件产生的能力。既然如此，那么关于心灵事件如何在物理事件中产生原因力的难题就不复存在了。依据其形而上的预设推论，既然因果关系是不存在的，那么偶因需要面临的问题便是如何解释事件的顺序都是紧凑的、恒常的并且合乎自然法则这一事实呢？

偶因论的推论是，既然我们不能用一个事件的发生来解释另一个紧随其后的事件的发生，那么每个事件都可以被理解为独立的、自我封闭的，也就是说，每个事件的发生都是不可思议的，那么对于由这些事件所构成的世界，我们就可以想象时间中的世界被分割成许多暂时的阶段和片段，例如，在时间1的世界、在时间2的世界和在时间3的世界等，它们依次发生，每一个世界都在某些方面不同于前一个世界。就好像电影中的每一幅画面都不同于前一幅画面，但是它们共同组成了一个整体。由此一来，我们所谓的世界就可以被更精确的称为是一个由形而上学的独立世界构成的系列，这个系列中的每一个世界都被视为一个无法认识和无法解释的事实。于是上帝登场了。上帝在一片虚无之中创造了每一个独立世界。上帝被偶因论者用来解释这个有独立世界构成的系列的存在。上帝按照他的神圣计划随时更新这个系列中的每一个世界，而且上帝创造的系列与我们在科学研究中所发现的复杂的自然法则在本质上一致的。

求助于上帝这样的结果或者不是大多数人愿意承认的事实，但是偶因论的合理性在于它对因果关系所做的形而上学的设想。假如任何片段中的任何事件都不能用来解释这个片段或其他片段中的任何事件的发生，那么每一个事件都只能是一个无情的事实。如果我们要质疑偶因论对因果关系的理解，质疑把世界看成是一个由形而上学的独立片段所构成的系列的观点，则需要提供一个更有说服力的方案。

（四）二元论交互作用说

在现代，坚持精神和身体并存，心智独立于大脑而且还会对大脑施加一种独立影响的是诺贝尔奖获得者埃克尔斯爵士和卡尔·波普尔。他们认为，自我意识的心灵是一个独立的实体，它积极地参与解读最高水平的脑活动，即占优势地位的脑半球间的联合区域。联合区域是指那些具有言语和意向性能或具有多通道输入信息的区域，如39区和40区以及前额叶。在心灵和大脑这两个世界之间有着持续不断的交互作用：一方面，不断进行扫描活动的自我意识的心灵对大脑中的神经事件进行解读，并且将它们整合为统一的体验；另一方面，自我意识的心灵广泛作用于大脑区域，从而导致那些最终导向运动椎体细胞活动的产生，并产生自我意识心灵所期望发生的动作。

在解释心灵的因果关系时，埃克尔斯指出，所有的心灵事件和体验都是由心灵粒子（psychons）组成的，每一颗心灵粒子都会和大脑中的一个树突发生交互作用。

随着现代心理学、神经生物科学的发展，科学家逐渐发现了对于心灵而言还存在着一个明显的区分，那就是有意识的心理过程和无意识的心理过程的区分。我们可以总是无意识地做一些身体活动，如转动眼球。某些动作在一般情况下是无意识的，但是可以通过对它们的效应做出反馈，进而将这些动作置于意识的控制之下。例如无意识的膝跳反射，经过几次学习，我们可以有意识地控制腿的反应。还有，对于许多技巧性的动作，我们在一开始的学习过程中需要许多有意识的努力，但是一旦掌握了这些技巧性的动作，我们就可以无意识地去做，也可以有意识地去做，如学习开车。另外，对于一些过程我们总是需要有意识地去参与，如回忆、做决定等。

现代的二元论交互作用说给了有意识和无意识之间的区分一个直接的回答，即在我们有意识和无意识的状态下做同一件事情的差异在于：对于在有意识的情况下而言，自我意识的心灵具有某种意愿或意图，并且导致大脑通过和自我意识的心灵发生交互作用来实现这一意图；而在无意识的情况下，大脑过程本身是在不受自我意识的心灵干涉的情况下独自做出行为的。

然而，应当指出，尽管二元论交互作用对于心灵交互作用进行了定位，但是它缺乏对心灵，尤其是意识产生机制的说明，正如，苏珊·布莱克摩尔所评价的："就任何物理描述而言，自我意识心灵所具有的影响力仍然像魔法一样不可捉摸。因此，大多数科学家和哲学家都拒绝这个理论。"[1]

（五）属性二元论中的心灵因果关系

在笛卡儿二元论之外，还存在一种二元论即"属性二元论"。属性二元论认为，在世界中并不存在两类实体，而是两种属性，即物理属性和意识属性。人类的特征就在于，人不是由两种不同的实体构成的，人是由一个统一的实体构成的，但是人有两种属性：你的身高、体重及相貌等就是你的物理属性，而你所感觉到的疼痛和你所进行的想象、预期等就是你的意识属性。属性二元论被视为是二元论在现代的复兴，如今大多数赞成二元论的都是属性二元论者。

---

[1] 布莱克摩尔.人的意识[M].耿海燕，李奇等译校.北京：中国轻工业出版社，2008：40.

属性二元论的出现，在某种程度上可以被认为是当代行为主义和功能主义对唯心主义采取了的过于极端的反应，完全否定心智的存在或者将心智完全看成是一台物理的机器，这太过偏离我们的常识。对于我们每个人而言，我们难道不是存在着非物质的意识吗？我们对我们有意识的这个事情的认识会出错吗？近来，属性二元论用两个已有的论证驳斥了心智与物理相分离的观点，因为这两个观点已经出现在 17 世界唯心主义先驱者的著作中。

论证一来自笛卡儿的可想象性论证。笛卡儿论证道，我们完全可以想象心灵和身体是独立存在的。毕竟，没有什么事情是和灵魂不朽的精神相矛盾的。或许，实际上并不存在真正的灵魂，但是我们仍然可以设想在肉体不存在后，人的精神仍然能够存在下去，这完全是可以想象的。如果它们是同一件事情，那么我们怎么可能把它们想象成分开的呢？可想象性论证的现代变体是由美国哲学家索尔·克里普克（Saul Kripke）提出的没有意识的僵尸。克里普克设想一个在生理方面和他自己完全一样的生物，其如何制作该生物的技术不论。该制造出的生物没有任何意识和感觉，克里普克称其为僵尸。它和人一个能够精细的、灵活的行动，与人一样有着相同的大脑神经和运动神经，它唯独缺少的是真正的人所拥有的感觉和内在的意识。当然，克里普克的观点并不需要有这种僵尸存在才能成立。只要在逻辑上不排斥这种可能性并且没有矛盾之处就可以。如果僵尸是可以设想的，那么意识的属性就不同于物理或者器官组织的属性。因为，从定义的角度进行分析，你的复制品僵尸拥有和你一样的物理或者器官组织属性，但是却缺乏意识的属性。所以，如果我们承认僵尸论证，我们也就不得不承认意识属性与物理属性是不同的。

论证二来自莱布尼茨的知识论证。这一论证最早来自莱布尼茨的著作《单子论》（Monadology）。莱布尼茨推论道："假设有一台机器，这台机器的结构能够使其产生出思想、感觉和意识；想象这台机器变得很大，不过比例结构并不变，你能够进入这台机器的内部就像你进入一个磨坊一样。也就是说，你能够走进去参观，那么你能够看到些什么呢？你只能看到一些推来推去或者互相移动的组件，不会看到任何能够解释意识和感觉的东西。"[①] 该观点表明，即使你知道了大脑的所有生理运作过程，就像你完全了解了磨坊的机械运作机制，但你仍然对意识不得而知。这表明，意识与生理机制是不同的东西。莱布尼茨论证的现代变体是澳大利亚哲学家富兰克·杰克逊（Frank Jackson）提出的黑白玛丽

---

① Koch C. Consciousness: Confession of A Romantic Reductist [M]. Cambridge, Massachusetts: The MIT Press, 2012.

的思想实验。杰克逊虚构了一个名叫玛丽的生活在未来的颜色科学家。她是人类视觉尤其是颜色知觉方面的专家，她已经掌握了人类感知颜色的所有的科学知识。杰克逊假定玛丽已经知道了所有的光波和反射系数、视网膜上的杆状细胞和锥状细胞，以及和视觉相关的枕叶的科学知识，以及这些部分的不同的功能、相互间的合作整合过程等，总之，她穷竭了一切关于颜色的科学知识。但是，玛丽却从未亲眼看见过颜色，从来没有接触过颜色。杰克逊假定有一天，玛丽走出房子的大门，看到一朵红色的玫瑰花。此时，杰克逊推断认为，玛丽学到了新的知识，一项她以前不知道的知识，她学习到看到红色的感觉是什么样的。如果这个论证成立，那么我们可以推论认为意识的属性就不仅仅是物理的或生理的属性。关于看到红色的感觉是什么的现象层面的部分是不同于玛丽之前所了解的物理的或生理的属性的。

澳大利亚当代著名的哲学家大卫·查尔莫斯被公认为是一位属性二元论者。他认为有一个独立的现象领域，即意识的主观感觉得以存在的领域。查尔莫斯并不把属性二元论视为是对科学的否认，他指出实际上并不存在意识的非科学知识，我们仅仅需要一个有关存在的其他属性的新科学，并存于其他科学分支。查尔莫斯将意识领域的存在与19世纪电磁学的新发现相类比。19世纪的科学家们一开始希望把电磁力归结为其他更为基础的力，但是最后他们还是承认电磁力也是一种基本的力。查尔莫斯认为，意识的情况也是如此：如果科学想要包容意识，那么科学就需要承认自然的另一个新的、基本的属性，即现象的属性，并指出意识状态的基本规则。

属性二元论在面临心灵因果关系时承认因果关系乏力的副现象论。副现象论是指心灵状态是物质系统所产生的副产品或副作用，它们的确存在，但是它们并不是作为物理事件的原因而存在的，它们只是轻轻松松的随大流，实际上缺乏任何成因效力。大部分的现代二元论者对待物理世界的因果封闭性都采取了这种立场，即他们同意意识并不会对物理世界产生任何因果影响。或许从我们的常识来看，我们的有意识的感觉、喜怒哀乐及我们的期待和决定能够影响我们自己的身体，并进而影响我们周围的外部世界。但是，现代二元论者却把这一切视为幻觉。事实上，"行动的僵尸"和"黑白玛丽"这两个思想实验，尽管证明了存在与物理属性或生理属性具有不同的属性，即意识属性，但是它们从反面也证明了在无需意识的情况下整个宇宙的物理进程还是严格地保持原样。这在逻辑上也是完全成立的。既然如此，现代二元论者在证明了物质属性与意识属性存在根本的差异时，也不得不接受意识属性是"因果关系乏力"的事实，即意识是一种副现象。

副现象论认为，有意识的心智是大脑的副现象、伴生品，它是由物理事件产生的，但是它没有任何能力去影响大脑的物理进程，大脑的运作完全是由之前的物理原因引起的。即使大脑没有产生如何的意识经验，大脑也仍然照常运作。但即使大脑产生了意识经验，意识经验并不会给物理世界的运作产生何种影响。按照这种观点，"只有一列物理的火车遵照物理世界的规则在行驶。火车在行驶的过程中，它喷出了非物质的'意识的烟'，在现象层面上它是真实的，但是却不会给火车的运动开来任何的影响"。[①]

19世纪的英国生物学家托马斯·亨利·赫胥黎就是著名的副现象论者。他并不否认意识的存在，但是他否认意识具有任何的因果影响力：它们没有能力来影响人类大脑和躯体系统。它们就像是一台蒸汽发动机发出的气鸣声，对于发动机的运行没有任何影响。赫胥黎把包括人类在内的动物看做是"有意识的自动机"。现代的副现象论似乎是一种更为简单的身心同步观点，它认为大脑能够向上影响心智，但是却不认为心智可以向下影响大脑。这并不违背物理世界的因果封闭原理，非物理的因素并没有影响物理的大脑。

除了物理世界的因果封闭性原因以外，现代的属性二元论接受副现象论的原因还有一个经验证据，即现代生理学研究所提供的证据。现代生理学的研究彻底否定了意识对于生物有机体的原因力。生理学研究否定了人们的常识直觉，即认为单凭生理系统很难产生人类复杂的、精细的行为，我们似乎需要一种非物质的影响力来解释我们人类为什么拥有语言、判断力等现象。但是现代的生理学研究却证明人类的生理系统能够胜任这些复杂的任务。神经生理学家所提供的人体内的神经网络、神经元活动的生理电反应等一系列知识表明，如果真的存在意识对于人脑的影响，那么它一定会表现为对颅内的物质产生一种生物电反应，但是目前的所有证据表明并不存在这种影响力。生理学界普遍的观点是精神的影响力肯定不可能独立存在，也不可能对物质产生影响。尽管生理学还无法解释神经元的整合活动为什么会产生现象层面的意识。

副现象论也面临许多难题。首先，从物质到心灵的因果关系仍然不清楚。它无法解释心理事件之间是否存在因果关系，如果心理事件之间能够互相影响，那么这就证明心理事件不是完全由物理事件引起的，这与副现象论本身的立足点，即心理事件是由物理事件引起的冲突了。其次，海尔指出，副现象论这种

---

① Susan Blackmore. 人的意识 [M]. 耿海燕，李奇等译校. 北京：中国轻工业出版社，2008：7.

"一端不通"的因果关系是不同于一般的因果关系的。在一般的因果关系中,事件既是以前事件的结构,又是以后事件的原因。海尔认为,根据奥康剃刀"如无必要勿增实体"的原则,我们应当朝着提供一种更加简单明了的观念,即既能够说明副现象论所能说明的任何东西,又不需要像副现象论这样诉诸一种特殊的因果关系进行说明的方向努力。[1] 最后,副现象还会导致一些古怪的结论,即你的意识并不会对你的行为造成任何影响。也就是说,无论心理状态如何,你的行为都是一样的,这显然无法解释言语行为,而言语行为通常被理解为是对我们意识状态的描述。[2]

二、唯心论对于心灵因果关系的解释

唯心论强调心灵是唯一的实在,世界完全是由心灵和心灵的内容构成的,根本不存在心灵之外的物质对象或事件。因此也就不存在心灵与物质之间的因果关系。与平行论和偶因论不同,唯心论是通过认为谈论物质没有意义,我们只可能谈论我们的心灵和心灵的内容,来消解心灵与物质之间的关系的,而平行论和偶因论则是通过认为心灵事件与物质事件并不存在因果关系来消解心灵与物质之间的关系的。

乔治·贝克莱就是唯心论的积极倡导者,并以其提出的观念世界而著称。贝克莱认为"存在就是被感知"。从意义上讲,并不存在物质世界,有的只是心智的事件。我们对整个世界的经验与世界本来是什么样子进行区分是没有意义的。例如,对于树木、桌椅等各种物质世界的物体而言,它们和我们的主观感受、主观印象没有什么区分,而我们对于把握自己主观印象的能力是没有问题的。塞缪尔·约翰逊曾一边踢着一块石头,一边说"我这样就能驳倒贝克莱"。的确,贝克莱当然承认我们能看到石头,并且用脚去踢它,以及感受到疼痛。但是,在我们所看、所感和所触之外,还能有什么呢?而所看、所感和所触都只是我们的主观感受,也就是说,约翰逊提供的仍然是主观的观念世界,并没有驳倒贝克莱的其他证据。由于唯心论难以被驳倒,在18~20世纪,几乎所有的知名哲学家都是唯心论者,例如,约翰·密尔就认为物质世界的东西不过是"长久的感觉的可能",物质世界的东西,如果离开了我们对其的感觉意识,就毫无存在性而言。罗素也是一名唯心论者,他也认为物理世界是由我们的心智构建起的虚构世界,那

---

[1] 约翰·海尔.当代心灵哲学导论[M].高新民,殷筱,徐弢译.北京:中国人民大学出版社,2006:39
[2] 大卫·珀皮诺,霍华德·塞利娜.视读意识学[M].王黎译.合肥:安徽文艺出版社,2009:80-82.

些通过感知感觉到的感觉数据被我们整合成了一个有逻辑的结构。

可以看出，唯心论是通过显现来界定心灵与物质之间的关系的。唯心论认为，把心灵、心灵的内容与心灵之外的物理世界完全区分开来，从语义上来说是缺乏内在一致性的。贝克莱指出，当我们讨论物理世界时，实际上是在针对一种无需用语言来理解、本来就存在的东西。但是，当我们对物理世界抱有这样的意义时，我们实际上是无法进行讨论的。严格地说，从哲学上来讨论一个对于心灵之外的物理世界就等于不可能进行讨论。贝克莱论证道，我们在讨论或思考桌子、石头及猫之类的熟悉的对象时，需要想一想我们正在讨论或思考的是什么。我们正在讨论或思考的是用某种方式看到、听到、尝到或触摸到的东西，而且这些东西都不在我们的心灵之外，它们只不过是某种特定类型的经验。也就是说，当我们谈论某个物理事物时，我们仅仅是在谈论我们关于这个事物的主观经验，我们找不到任何与独立于心灵之外的该事物的这个表达式相对应的东西。因此，独立于心灵之外的东西的这个表达式是毫无意义的。

尽管唯心论的论证难以被直接驳倒，但是它所导致的结论，即认为不存在独立心灵之外的物理世界是难以被认同的。意义的构建固然是发生在心灵中的事物，但是意义毕竟是先有所指，才可能有意义。而且如果我们接受唯心论，我们很难理解为什么物质世界具有一些不可改变的自然法则，无法解释科学是如何可能的。

三、还原物理主义对于心灵因果关系的解释

物理主义在本体论上认为只存在一种物质，那就是物质，支配物质和能量的相互作用的自然法则可以解释宇宙中所有的力量。在解释心-身问题时，按照历史发展来看，物理主义依次有如下理论版本：行为主义理论、同一性理论。它们在处理心灵因果关系的问题上，基本上是一种还原论的立场，或将心灵等同于行为的倾向，不承认心灵状态，或将心理状态等同于物理的神经状态或功能状态，从而消解心灵与物质不相同的一面。

行为主义原本是心理学中的一种研究流派的称谓。20世纪初期，心理学家华生（John B. Watson）宣称行为并没有心灵因果关系。他认为，有机体的行为可以被视为是对刺激物的发生的可观察的反应，也就是说，他将对刺激物的反应视为行为的原因，从而排除了心灵作为行为原因的可能性。随后的30年间，斯金纳（B. F. Skinner）在华生的基础上进一步发展了该理论，并形成了激进行

为主义的观点，确立了刺激物和行为反应之间的因果关系，而摒弃了心-身之间的交互作用，认为在科学研究中没有心灵的地位。①

心理学行为主义的观点在哲学上被发展为一种逻辑行为主义。这种哲学上的逻辑行为主义认为，关于心灵的描述可以被翻译为关于行为或行为倾向的描述。这种观点认为，一个有机体所拥有的某种心灵状态，是因为他能够做什么，或倾向于做什么。例如，你头痛，你就可能倾向于呻吟、按摩头部或找药吃等。

逻辑行为主义者维特根斯坦认为，心理事件并不是实在的私人事件，我们之所以被心—身二元论的图示所吸引，是因为我们被我们语言中的语法所误导了。我们必须认真区分与心灵、思想、感觉和情感相关的词语在日常语境中的用法。哲学问题是"在语言放假时"才产生的，只有我们把心灵、思想等之类的东西从它们所处的自然状态中抽离时，才会出现心灵问题。吉尔伯特·赖尔（Gilbert Ryle）也认为，心灵是实在的假说，是一种"范畴错误"。假说我带你参观我的大学，我们经过了很多地方，各个学院、操场及实验楼，而且见了许多老师和学生。当参观都快结束时，你却说："等等，你的确带我看了很多地方，但你的大学在哪，我还是不知道。"这就是一个范畴错误。而将心灵视为一个独立的实体就类似于这种范畴错误。因此，与参观学校一样，我们之所以有心灵，不是因为它具有某种特定的私人属性，而是因为它能够从事那些表现其自发性和相对复杂的结构性的行为。②

通过将心灵状态描述为行为或行为倾向，实际上是将心灵状态还原为行为或行为倾向，以试图消解心灵对行为的原因效力。但是，一个明显的漏洞是倾向并不是一定的，当我们面对某个刺激物时，做出某种行为或行为倾向，是依赖于我们的心灵状态的。因此，这就产生了一个矛盾，逻辑行为主义本意是要通过行为、行为倾向消解心灵状态，但是最后却需要求助于心灵状态来确立行为、行为倾向。

同一性理论则认为心灵事件、状态和过程等同于大脑的中神经生物学事件，处于某种心理状态的属性等同于处于某种神经生物学状态的属性。注意，当同一论者主张心灵就是物质的实在即大脑，而且作为一个经验的事实，心理属性就是大脑和神经系统的物理属性时，他们并不只是主张心理属性是物质身体的属性，因为这样心理属性还是有被视为是完全不同于非心理的物质属性之虞，从而导致与属性二元论交织在一起的实体一元论。同一性理论试图说明的是，

---

① Fodor J A. The Mind-Body Problem.[J]. Scientific American, 1981, 244（1）：144-123.
② 约翰·海尔，当代心灵哲学导论[M]. 高新民，殷筱，徐弢译. 北京：中国人民大学出版社，2006：60-61.

每个心理属性实际上就是一个物理属性,是物理科学会独立承认的一种属性。

同一性理论哲学家关注的是一种理论的同一性理性,即科学家对于物理世界的构成方式进行解释时所运用的一种理论,例如我们发现水是由两个氢原子和一个氧原子构成的,闪电是电离子的释放过程,温度是分子的平均运动等。同一论也依此认为,对于大脑的研究能使我们发现,我们现在用心理术语所指称的那些属性实际上就是大脑的属性。例如,疼痛的属性就是 C- 纤维被激活的神经属性。

塞尔认为对物理主义的坚持在某种程度上或许是来自这样一种源初的经验,即"这个世界几乎纯粹是由物理力微粒组成的,而且任何其他的东西要么是以某种方式出现的幻觉(如颜色、味道等),要么就是一种可以被还原为微粒质运动的表面特征(如固态或液态)"[1] 查尔莫斯将这一描述阐释为,"如果微观物理学事实的进程是这样的,那么宏观物理学的宇宙进程在逻辑上就不可能是别样的。你一旦拥有了微观物理学,那么别的东西就会统统从中被导出"[2]。(当然查尔莫斯并不是赞成物理主义,而是认为意识不适用这一点。)由于同一性理论拒绝将心灵状态和世界事物不同于物理状态或事件的观点,而是认为不管表象如何,心灵事件只能是大脑中发生的事件。这样一来,关于心灵活动与大脑过程相互联系的说法就是错误的。心理活动就是大脑的过程,而任何东西都不需要与它自己相互联系、发生因果关系。这与唯心论一样,同样是通过否定两个类别中的一个,进而否定两者之间的相互关系、两者之间的因果关系的。

四、非还原物理主义对心灵因果关系的解释

非还原物理主义的基本主张是:意识是由物质的身体产生的一种整体性属性,没有物质就没有意识,但是意识作为物质的一种高层级属性是无法被还原为基础的低层级属性的,并且意识作为高层级属性对于低层级属性会产生因果作用力。本书以塞尔的生物学自然主义阐释非还原物理主义对心灵因果关系的基本解释。

塞尔将他对心身关系的解决方案称为"生物学的自然主义"(biological naturalism)。他认为,所有的心灵过程都是由神经生物学过程所引起的,它们确确实实发生在我们大脑中的某个地方。但是,心灵状态具有第一人称的本体论

---

[1] 约翰·塞尔. 心灵导论 [M]. 徐英瑾译. 上海:上海人民出版社,2008:42.
[2] 约翰·塞尔. 心灵导论 [M]. 徐英瑾译. 上海:上海人民出版社,2008:42.

特征，它们不能被还原为第三人称的现象，同时它们也是以因果方式来发挥功用的，例如我的有意识的口渴感受会导致我去喝水的行为。塞尔认为，心灵状态对物质世界发挥的因果效用与对心灵状态起到奠定作用的神经生物学基础所具有的成因力量（causal powers）并不矛盾，并不会使心灵状态成为一种过剩原因决定（causal overdetermination）的情形。塞尔认为，那些反对心灵状态会对物理世界产生因果效用的人实际上是全盘接受了笛卡儿关于心、物所做的二元论区分，他们没有理解心灵的实体究竟是如何可能实存脑的物理系统之中的。

（一）塞尔对休谟因果关系理论的反驳

塞尔详细论述了休谟关于因果关系的存在的怀疑论立场。塞尔将休谟关于因果关系的怀疑论推理总结如下：首先，休谟认为，原因应当同时满足这样三个构成因素：①先在性。休谟认为原因必须在时间中先于结果的发生而发生，原因不可能在其结果发生之后再出现。②空间与时间方面的毗邻性。所谓毗邻性是指原因和结果在发生的空间和时间上处于一种相互接近的链条之中，它们之间存在一系列的环节将它们彼此联结。③必然性联结。所谓必然性是指原因和结果还必须以一种必然的方式被联结，即原因的确是产生了结果、的确是使得结果发生了，且使得结果成为必然。

其次，休谟指出对于原因和结果之间的必然性联结这一点而言，在现实的世界中，其实是不存在的，我们不可能觉知到任何必然性的联系。以开关电灯为例，我们观察到当我们按灯的开关时灯就亮了，当再次按灯的开关时灯就熄灭了。我们通常认为在按开关这个事实与灯亮灯灭这一事实之间存在着因果关系，即按开关为因，灯亮灯灭为果。但是，如果我们仔细深究其中的缘由，我们会发现，如果灯的电源线有损坏，或者电流内的瓦数过低，无论我们怎么按开关也不会产生灯亮的结果。也就是说，在按开关这个事实与灯亮这一事实之间还存在着其他的事实，如果这些事实不被满足，它们就无法形成必然性的联系。然而，在按开关、完好的电源路线、足够的电流量后灯亮这一次序的事件之间是否能够组成必然性的联系呢？仍然没有。我们发现的只不过是这一序列上更多的事件，但是每前一个事件都不是后一个事件发生的必然条件。因此，休谟认为，并没有所谓的原因和所谓的结果之间的必然性联结，我们发现的仅仅是一个事件跟随着另一个事件发生而已，并没有若 A 存在就能导致 B 发生的结果。

最后，休谟指出虽然我们并未曾在真实世界找到任何必然性联系，但是为什么我们会有关于因果关系的体验，为什么会相信真实世界中因果关系的存在呢？休谟认为，这是因为真实世界的另一种真正的联系——彼此相似事例的恒常共现，在我们的心灵中所产生的一种幻象。休谟将彼此相似事例的恒常共现称为规律性，即我们发现在那些被我们称为"原因"的事件之后，总是跟随着那些被我们称为"结果"的事件。这些相似事件组成的发生次序在我们的经验中被不断地重复，反复地为我们所觉知，以致在我们的心灵中产生了一种期待，或者说信念，即凭借这种期待或者信念，当我们觉知到那被称为"原因"的事物的时候，我们会主动地去寻找或者相信还能够知觉到那被称为"结果"的事物。休谟将这种因彼此相似事件的恒常共现而产生的心灵期待或内心信念称为"被感受到的心灵决定"（felt determination of the mind）。正是这种"被感受到的心灵决定"使得从对于原因的知觉过渡到对于结果的强烈期待，从关于原因的观念过渡到对于结果的观念，才使得我们有了一种"自然界存在必然联系"的心灵确信。因此，我们关于真实世界存在必然性联系的观念只是一种心灵中的幻象，它只是发生在心灵中的东西，并不存在于自然本身。对于物质世界而言，唯一实在只是一件事件跟随另一件事件发生的规律性。

塞尔指出，休谟是通过展示规律性相对于因果关系的优先性来解决归纳问题的。即规律性的实存给予我们关于必然性联系的幻象，而这种对于必然性联系的幻象又给予我们关于因果关系的确信。但是，塞尔并不同意休谟的这种观点，甚至认为他的观点犯下了灾难性的错误，并对后世哲学产生了非常坏的影响。塞尔认为，休谟关于因果关系的思想遗产使得当代大多数哲学家认为，在自然界中没有因果联系。确切地说，在物质世界存在的是一些事实性的因素，一个为普遍性法则——规律性做出示例的事件次序，它并不是我们所期待的，或我们相信的原因与结果之间的必然联系。就心灵哲学而言，其后果便是并不存在关于必然性联系的知觉印象，对于原因力、因果关系的体验是不真实的。

就涉及意识经验的事件之间的因果关系而言，塞尔是从关于必然性联系的体验是真实存在的这一论点出发来驳斥休谟对于因果关系的否定的。塞尔认为，当我们具有知觉体验时，或者当我们进行意愿性行为时，在意向现象所具有的满足条件中都存在着涉因自我指涉条件，即知觉体验只有在它自身被那觉知到的对象所引起时才能被满足，而行动中的意图只有在它引起身体运动时才能被满足。在这种情况下，我们都会非常真实地、自然地体验到意识经验与世界中的对象或事态之间的必然性联系。例如，在你有意向地举起你的胳膊与神经外科医生通过微型电极刺激你运动皮层的神经元导致你举起你的胳膊这两种情况中，你就能确实体验到有意识的行动意图对于身体运动所产生的因果效力。因此，赛尔的结论是无论是在行动中还是在知觉中，我们的确知觉到了世界中的对象或事态与我们自己的意识体验之间的联系：在行动的例子中，我们的确体验到了有意识的行动中的意图与身体运动之间的因果效力；在知觉的例子中，我们的确体验到了世界中的对象即事态与我们的知觉体验之间的因果效力。

塞尔认为，休谟是以一种彼此分离的方式来处理认识主体之外的对象和事件的，因为是彼此分离的，所以休谟在认识主体与其之外的对象和事件之间没有找到任何必然性联系。塞尔却认为，我们在真实体验中所体验到的你的有意识的行动意图致使行为发生，或者某个事物使得你的知觉经验发生是如此常规、自然的事情，平常的甚至无需证明。

本书认为塞尔对于休谟关于这一点的批判并不是一语中的的，甚至他们谈论的是不同的问题。休谟质疑的是体验内容的因果关系是否真实存在：如果体验内容间的必然性联系是真实存在的，那么体验才能够为真；如果体验内容间并不存在必然性的因果联系，那么体验就为假。体验内容就是外部物质世界中的客观的对象和事件。当休谟发现客观物质世界并不存在因果关系时，他就推论这种关于因果关系的体验是虚幻的，它尽管存在，但是不是真实的。塞尔肯定的是体验自身的真实性，这个真实性是针对体验者本身而言的，只要体验者体验到了这种意识经验，该体验就是真，而不论体验的内容是否为真。因此，休谟和塞尔关于体验的真假的所指是不同的，他们判断真假的标准也是不同的。

可以看出，休谟怀疑论的哲学基本预设仍然是主客二分的认知论立场。客体世界作为一个预先给定的特征集已然在那里，主体只是去认识它、揭示它。既然客观世界中客体对象、事件的必然性联系不存在，那么我们关于客观对象、事件的因果关系必然为假。因此，如果塞尔想要反驳休谟的观点，就应当对其二元论的基本立场进行评判，而不是仅仅从体验上指出意识经验相对于体验者而言是真实存在的。笔者认为，仅仅从主观上就体验而论体验似乎难以取得实质性的进展，因为难以提出针对物理主义的压倒性的证据。丹尼特就曾针对这一点，对塞尔毫不客气地指出其论证的缺陷："塞尔所假设的'第一人称'的替代说法在每一个环节上都导致自我矛盾和似是而非。"[①]

就不涉及意识体验的事物之间的因果关系而言，塞尔认为它们之间的必然性联系的实存性也没有任何困难。例如，我推车导致车移动，推车的行为与车移动的事实之间的必然性联系是不言而喻的。又如，一辆车导致另一辆车的移

[①] Dennett D C. Darwin's Dangerous Idea: Evoluiton and the Meanings of Life [M]. New York: The Penguin Press, 1995: 117.

动,将前一辆车的物理力视为后一辆车移动的原因力是很正常的。本书认为,就这一个问题而言,塞尔对休谟观点的反驳显然是立足于对因果关系的判定标准的,也就是说,他们对于因果关系有着不同的标准,标准不同得出的结论自然大相径庭。如果按照休谟的标准,塞尔所列举的事实显然无法构成必然性联系;如果按照塞尔的标准,休谟列举的事实早已是因果关系的范畴,无需在深究更多的事实。关键的核心是塞尔没有提供一个合理的理论来说明其所提供的标准的合理性。所以,我们需要一个更完善的理论进一步说明心灵的因果关系问题。

(二)塞尔对心灵过剩原因决定的解释

过剩原因决定是源于对物理世界的"因果封闭"的理解。它的核心问题是:如果在心灵层面存在对物理世界的因果效力,那么这个效力是如何与我们物理层面上的身体中的神经生理反应相匹配的呢?如果心灵状态是实在的非物理的状态,那么它就难以对物理世界产生影响;如果心灵状态确实对物理世界产生了影响,那么我们就会得到"过剩原因决定"的结论。确切地说,心灵因果关系与物理世界的因果封闭性产生的矛盾可以通过三个命题概括出来:

(1)心-物差异原则。即心灵的东西与物理的东西构成了彼此相区别的领域。例如,我们的信念、希望、判断、喜怒哀乐和七情六欲等与物理世界的现象是不同的。有的物理现象我们是可以直接观察到的,但是所有的心理现象我们无法直接观察,只能观察其行为,然而行为不是心理现象,而是一种物理现象。

(2)物理因果封闭原则。在下述意义上物理领域的因果方面是封闭的,即没有任何非物理的东西能够进入物理领域并作为原因而产生效力。也就是说,如果造成某个事件发生的原因是属于物理世界的,那么这个事件本身也是属于物理世界的;如果某个事件所造成的结果是属于物理世界的,那么这个事件也应当是属于物理世界的。

(3)心灵事件的因果效力。即心灵状态对于物理状态的确具有因果方面的效力。该效力承认物理世界的现象导致心灵现象的产生,反过来,心灵世界的现象也会导致物理现象的产生,这一效力也被称为"心物因果交互作用原则"。

这三个原则,分别来看,都有其被认为是正当的理由。但是,将这三者统一起来看,就会产生矛盾:如果命题(1)和命题(2)为真,那么命题(3)就为假,即既然心、物有别,且物理世界是因果封闭的,那么心灵领域的事件就不会对物理世界产生效力；如果命题（2）和命题（3）为真，那么命题（1）就为假，因为当命题（2）和命题（3）同时成立时，我们面临两个选择，（a）承认心灵世界是物理的，而不是非物理的，即心灵世界是物理世界的一部分，（b）承认物理世界是心灵的，而不是非心灵的。无论是哪个选择，都会与命题（1）相矛盾。

一般来说，并不会假设命题（1）和命题（3）为真，而命题（2）为假。这是因为命题2对于现代科学具有重要意义。台湾学者彭梦尧指出，我们最好不要轻易否定物理因果封闭原则，因为这会导致我们对当代科学的不信任，甚至造成当代科学的崩溃。当代自然科学是认可因果概念的，自然科学也使用因果概念来描述发生在物理世界里的一些现象。对于这类物理现象，物理因果封闭原则主张，它们的原因及其后续的结果都必须是物理的。确切地说，在同一个因果链条上，只要有一个现象是物理的，则这条因果链上所有的现象都是物理的；反之，只要有一个现象不是物理的，则这条因果链上所有的现象都不是物理的。尽管量子力学领域发生的信息无需因果概念进行描述，但这并不会影响物理因果封闭原则，只要我们承认，确实有些物理现象的发生是必须使用因果概念描述就足够了。如果我们否认物理世界的因果封闭原则，就表示我们认可在物理世界中的因果关系可以有非物理的原因，或者会产生非物理的结果，其直接后果就是：我们对于诉诸鬼神、灵异等作为物理现象发生原因的说法就没有任何理论依据进行驳斥了。这样一来，我们对于世界的认识就又会回到科学尚未兴起的蒙昧时代。因此，他赞同在科学可以对物理现象提出物理因果解释的范围内，无论是诉诸非物理的原因，还是承认可以产生非物理的结果，都是多余而且没有必要的，这样反而更折损了科学解释的正当性。因此，在没有更好的理论之前，物理因果封闭原则是应当被接受的。[①]

塞尔选择了第二种假设，即命题（1）为假，即传统的心物区分原则是错误的。他认为，这一错误命题的根源在于笛卡儿二元论的传统范畴。这一范畴假定：A 存在对于大脑进程的实在的、不可还原的意识状态的描述层面；B 对于大脑进程还存在一个涉及生物学现象的描述层面；C 由于意识状态在本体论上无法被还原为神经生物学现象，因此 A、B 对于大脑进程的两个描述层面必然是彼此分离的、互相区分的实存者。因此，要推翻这一错误命题，就必须抛弃心、物区分的传统范畴，抛弃心灵事件的不可还原性蕴含在物理事件之外，还

[①] 彭孟尧. 人心难测——心与认知的哲学问题［M］. 上海：上海三联书店，2006：24-29.

存在着其本身并不是物理世界一部分的某事物的假定。在此基础上，塞尔认为，对于心灵是否因果关系以及是否存在过剩原因决定的情形问题的解答就是：首先，心灵事件并不是一种与脑相分离的事体或属性，它是处在脑中的状态，是脑的物理结构的一个特征；其次，在因果关系中，并没有一个彼此独立的现象，例如，有意识的后果与无意识的神经激发。存在的只有一个大脑以及大脑不同的描述层面，一个是神经元激发方面的描述层面，另一个是对系统层面的描述，即系统本身是有意识的，并真的会对身体的运动产生效力。它们之间的运作方式或流程可以概括为，行为中的意向激发了神经元，神经元产生了引起身体的运动的生理变化，同时行为中的意向始终贯穿于大脑系统之中，它与其产生的神经生理变化共同引起了身体的运动。

塞尔反复强调，必须放弃二元论所提供的心灵和物理相区分的词汇表，正确的陈述应当是，"意识与脑进程之间的关系，正如活塞的固态与合金的分子运动之间的关系，或是水的液态与 H_2O 分子的运动之间的关系，或是汽车气缸中发生的爆炸现象与个别的碳氢化合物分子的氧化作用之间的关系。在以上每一个事例中，处在整个系统中的较高层次上的那些原因并不是附加在处在系统构成要素的微观构成层面上的那些原因之上的什么别的东西"[1]。也就是说，在塞尔看来，当我们有意识的决定导致了身体的行为时，并不存在在神经元激发从而导致各种其他神经生物学后果的情况下，有某种外在的附加给神经元行为的原因发生了，有意识的决定仅仅是从整个系统层面上描述整个神经生物学系统，而神经元的激发则是从处在特殊的微观要素层面上对神经生物学系统进行描述，即这二者并不是对于两个独立的原因系列的彼此独立的描述，而是在一个完整系统中的两个不同层面上所进行的描述。

同时，塞尔强调对于这两个不同层面的描述，较高层次层面并不能还原为微观层面，即意识在本体论方面并不能够按照气缸中的爆炸现象在本体论方面被还原为个别碳氢化合物分子的氧化作用的方式被还原。"意识在本体论方面的不可还原性是因为意识具有一种第一人称的本体论地位，因此它不能被还原为某个具有第三人称的本体论地位的事物，尽管没有任何一种施加于意识上的因果效力是不能够被还原为意识的神经基础所具有的因果效力的"[2]。

---

[1] 约翰·塞尔.心灵导论[M].徐英瑾译.上海：上海人民出版社，2008：184.
[2] 约翰·塞尔.心灵导论[M].徐英瑾译.上海：上海人民出版社，2008：185.

（三）心灵因果性的运作方式

塞尔在说明了心灵因果关系是如何可能之后，进一步解释了心灵因果关系在现实生活中的运作方式，因为当人们在进行意愿性的行为时，都是将心灵之所想视为理由对其行为进行解释的，例如，我喜欢这件衣服，所以我买了它。

塞尔将意愿性人类行为的因果解释与不具有心灵性质的因果关系区分开，认为它们的逻辑结构是不相同的。他举例说明，前者如"因为我想要一个更好的教育环境，所以上次选举我投了布什的票"；后者如"地震导致了高速公路的坍塌"。在前者的因果关系中，首先，该原因并不是结果的充分条件，布什提供的更好的教育条件并不能确保我的确会投布什的票。其次，该解释涉及行为能动者所具有的目标、打算、目的及意图等。如果你不理解行为能动者所陈述的具有目的性的话语，你就不会理解该行为。最后，对于这些按照意向性因果关系的话语方式进行的解释而言，这种意向性因果关系的确恰好出现在原因中，而这种原因也正好解释了我们试图去解释的行为。也就是说，不但的确出现了意向性内容，而且这种意向性内容的确出现在因果链条上。

反之，后者则不具有上述三个特征：首先，原因表达出了后果在该语境中出现的充分条件，只需要地震，而不需要其他条件就可以导致高速公路的坍塌。其次，地震与高速公路的坍塌之间只涉及发生的事件，并没有涉及任何目的和目标。地震、坍塌只是一种意向内容，并不涉及行为能动者的任何目的、意愿，这种意向内容是一种客观的表征和描述。最后，这些意向内容本身并不存在于因果链条之中，并没有发生因果方面的功能。

因此，塞尔的结论是，就任何一个对于行动的说明都必须具有对于一个目标或者其他激发因素的阐明机制而言，这与对于诸如地震和森林火灾之类的自然现象的任何标准解释相比，完全不同。这表明人类意向性的运作需要合理性成为整个系统的结构性原则。

综上所述，塞尔在理解心灵与世界其他部分之间的关系问题上，提出了四个命题：第一，心灵现象的确存在，而且它们不可被还原为任何物理现象。因为心灵现象只有在被行为能动者体验到的情况下才是实存的。它们具有以后总是第一人称本体论的特征。第二，意识完全是脑神经活动所引起的，正如光合作用、消化与胆汁的分泌一样，意识也是一种自然的、生物学性质的现象。第三，意识是在脑中被实现的。它作为脑的一种较高层次的特征而实在，它是一个可以在空间中被定位的生物学现象，它定位于事件中、定位于大脑的空间之中。第四，在这种定义下的意识能够发挥因果方面的功能，它构成了我们所有的意愿性意图和行为的原因。

塞尔的理论与认知动力系统理论都将心灵视为一种高层级的属性。但是本书认为，它们之间还是有一个根本性的区别的。当塞尔提到心灵现象在第一人称本体论上的特征时，他所指的本体论是心灵状态对于认知者的主观状态就感受性而言，是实存的。那么这很容易落入休谟式的怀疑论质疑中。这仅能说明感受是实存的，那么感受从何而来？如果是从物质世界而来，那么该感受是否与物质世界匹配？如果不匹配，该实存的感受性是否为真？因此，从第一人称本体论的角度论证心灵的不可还原性并无多大说服力。塞尔所运用的较高层次、不可还原等概念与认知动力系统理论中的概念极为相似，但认知动力系统理论则是从事物本身的角度来考虑不可还原性的，高层次的特征不是从认知者感受性的角度来解释，而是从事物本身演化的角度来解释，也就是从客观的角度来解释，并为这种客观性提供了一种统一的理论框架，从而使上述概念更具说服力。

第二节　复杂系统的突现与下向因果性

如前所述，心灵状态与身体或脑的物理状态（以下简称为物理状态）之间的因果关系可以划分为以下三种类型：

（1）心灵状态与物理状态存在双向的因果关系，即物理状态可以引起心灵状态，并且反过来，心灵状态也可以引起物理状态。二元论的交互作用说就主张这种双向的因果关系（图4-1）。

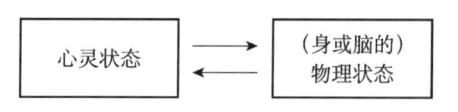

图4-1　心灵与物理状态的双向因果关系

（2）心灵状态与物理状态之间不存在任何因果关系。物理状态和心灵状态之间并没有任何因果关系，发生和存在的只是两个彼此平行的事件系列，即物理事件系列和心理事件系列，它们之间只是一种共变关系（图4-2）。

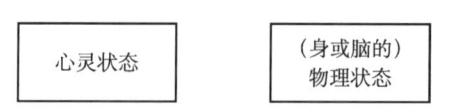

图4-2　心灵与物理状态不存在因果关系

（3）心灵状态与物理状态存在单向的因果关系，即物理状态可以引起心灵状态，但是心灵状态却不会对物理状态产生任何因果作用力。副现象论就是持这个观点（图4-3）。

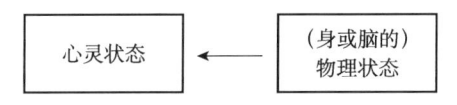

图4-3　心灵与物理状态的单向因果关系

通过梳理已有的心—身因果关系理论，可以看出它们都是在一个平面的维度上谈论心灵与身体（或脑）之间的因果作用力的。这导致了对心灵的异化，心灵要么被视为一个徘徊在物质世界之外的无法解释的力量，要么被纳入物质世界之中，却无法拥有任何对于物理世界的原因力。它们都不是心—身因果性问题的合理方案，都无法解释心灵对于身体或脑的物理活动的原因作用力。认知动力系统中层级间相互作用的关系为心灵因果关系问题提供了新的因果类型——下向因果关系。它的理论意义在于打破了原来心—身因果关系的平面性，从垂直方向、立体的角度，上下层次，或者说高低属性的角度来理解心身之间的因果关系，将自上而下的约束性、限制性控制力纳入了因果关系的范畴，从而在不违反物理世界因果封闭性原则的基础上，合理地解释了心灵的原因作用力（图4-4）。

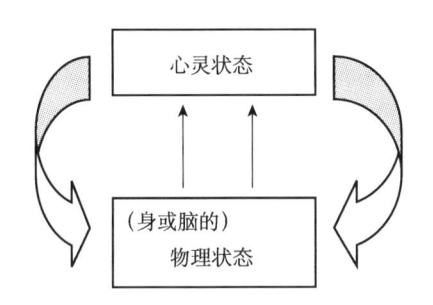

图4-4　心灵与物理状态的下向因果关系

当然，这种新的因果关系也是一种双向的因果关系。它与传统意义上的双向因果关系的不同在于：一个是平面的，一个是立体的。而这种不同本身来源于它们在因果关系基本假定上的不同，因此值得被单独区分出来。

一、复杂系统中的突现

突现性是复杂系统所具有的一种现象和属性，它揭示的是复杂系统内部组分之间彼此交互从而在系统整体层面所产生的一种属性，这种整体性属性不可被还原为产生它的系统组分的属性。例如，水的湿度不可以被还原为氢原子和氧原子。在早期复杂系统的突现性研究中，突现性通常是通过整体性加以阐释的，因此，整体性自然也成为所有突现理论中最基本的特征。它是"整体大于部分之和"的现代版本。

首次提出突现概念的是哲学家路易斯（L. H. Lewes），随后在 19 世纪末 20 世纪初出现了英国突现主义学派，他们的理论被称为经典突现论。他们主要以整体性哲学思想分析突现性。虽然他们在哲学层面上构建了一个纯粹突现进化论的体系，但是无法深入到突现属性为何会产生的微观层面，因此突现作为一种整体属性只能被视为一种不可解释也无法解释的现象，我们只能将其作为一个最终的现象加以接受，即我们只能说某个现象是突现现象，而不能解释为什么会产生这个突现现象。突现也就成了我们解释事物的"阿基米德"点，我们无法再向前延伸。因此，当认知科学中的联结主义范式试图通过神经网络自组织的突现属性来解释认知的本质时，因其突现属性无法被具体的刻画，仍然需要沿用认知主义的符号表征、计算等概念，从而遭到了认知主义学者的质疑，甚至有的学者直接将联结主义视为一种亚符号范式。

20 世纪末，在复杂性科学、生命科学、计算机科学和认知科学等学科的推动下，突现研究呈现出新的局面，从一种整体性的全局研究开始深入到整体性内部机制的微观研究，"从传统静态的观点转变到进化的动态的观点，从'突现现象是如何表现的'问题转变为'突现现象是如何产生的'问题"[①]。复杂系统的突现研究开始深入到突现产生的微观过程、探求突现形成的动态机制方面。

复杂性科学通过建模和计算机模拟，进一步揭示了宏观层面的突现属性得以产生的机制以及突现属性蕴含的特征。在传统的整体性特征之外，新的科学研究表明突现属性还具有新颖性和不可还原性。

所谓新颖性就是个体的简单行为可以导致新的个体，新的复杂系统。著名的科学家霍兰就以"简单中孕育复杂"精辟地解释了突现的新颖性，他说"少数规则和规律就能产生令人惊讶的、错综复杂的系统……少数规则和规律生成了复杂的系统，而且以不断变化的形式引起永恒的新奇和新的突现现象"[②]。复杂系统本身并不是一个稳定的静止结构，而是始终处于一种动态的过程结构。正

---

① Heylighen F. Self-organizaiton, emergence and the architecture of complexity [A] //Allan Matthews, Peter K. Bachmann (eds.). Proceeding of the Europeam Congress on System Science [C]. Paris, Publisher AFCET. 1992: 23-32.
② 霍兰. 涌现——从混沌到有序 [M]. 陈禹译. 上海：上海科技出版社，2001: 5.

是在这个过程结构中,结构内部的组分通过相互关联会不断地形成新的整体,这个整体对于已有的结构以及结构组分是新颖的;同时这个新产生的整体还会形成新的整体,也就是说,这种过程结构的动力过程会导致新事物不断地产生。与传统的决定论观点不同,复杂系统的突现并非复杂系统预先给定的,而是一种在时间演化过程中的适应性建构。因此,突现的新颖性也是不可预测的。

所谓不可还原性是指当一个系统被视为具有复杂系统的突现性时,系统高层次的属性和行为就不能通过其低层次的组分以及相互关系的规律获得解释。对于高层次的突现属性就不能被还原为低层次属性,而需要借助宏观层次的规律进行解释。在复杂系统的研究中,学者通常用"模式"(pattern)和"构型"(configuraiton)等概念来描述系统内部组分产生的整体性机构。模式或构型一旦形成,就会对其组分产生一种制约、约束力。这种约束力会限制,甚至改变组分原来的功能、行为和性质,在系统整体约束力的作用下把系统组分组织协调起来。因此,突现属性不可被还原为系统组分的属性,原因有二:第一,系统组分本身不具有这种属性;第二,系统整体对系统组分的约束力不可还原。强还原论并没有消解这种约束力,只是对这种约束力视而不见。

二、突现的下向因果性

英国突现主义学派承认系统与系统组分之间存在着两种因果关系:一方面是上向的因果关系,即作为低层次的系统组分相互作用由下而上地产生、导致系统高层次属性发生,也就是说,高层次属性不是凭空产生的,并不能"无中生有",它不能脱离低层次组分的活动而独立存在。正如我们的心智是由我们身体的生理过程产生的一样,没有脱离身体而独自存在的心智,灵魂不是永恒的,有其物质基础。另一方面,是下向的因果关系,即系统的高层次属性会制约、支配系统组分的低层次属性。关于下向因果关系,英国突现学派的代表人物摩根(C. L. Morgen)认为:"现在在任何给定的层次上,是什么东西的突现提供了一个实例呢,那就是我所谓的在低层次中所没有的实例的新种类关系……但当某些新种类的关系是依随而生的,(例如)生命阶段所包含的物理事件的过程方式因生命的出现而具有了新的状态,这完全不同于生命尚未出现之前的情形。"[①]

[①] Margen C L. Emergent Properties [M]. New York: Henry Holt and Company, 1927: 15-16.

在当代，复杂系统的突现与下向因果关系为许多哲学家所重视，下向因果关系成了复杂系统理论中的重要哲学问题。即使是主张消解下向因果关系，对突现进行完全还原的著名哲学家金在权也承认，"如果你相信突现属性的话，那么突现有它们独特的因果作用就是一个完全自然且合理的断言，（因为）突现性质不仅具有它们自己独特的因果作用力，它们还能施加一种下向因果作用力到产生它的低层次过程"[①]。著名的神经科学家、诺贝尔奖得主斯佩里也坚持突现的下向因果机制，他主张精神和意识是脑的整体属性、突现属性。在认识过程中，神经元事件处于因果关系的低层，而意识则以不可还原的突现形式出现在脑的较高层上，它们自上而下地控制作为系统组分的低层神经元的活动。

当代复杂性科学的发展为突现具有下向因果性提供了科学证据。哈肯形象地总结了自组织中突现的下向因果性，他说，"一方面，各个部分像由一只看不见的手在驱动排列；另一方面，正是这些个别系统通过其协同作用，又反过来创造了这只看不见的手"[②]。坎贝尔直截了当地认为，"所谓下向因果原理就是处于层级的低层次的所有过程受到高层次规律的约束，并遵照这些规律而行为"[③]。下向因果关系对于突现的意义在于，它揭示了系统层次之间的因果关系并非是单向的、线性的，而是非线性的、交互式的。

当然，并不是所有学者都赞同突现的下向因果性。一些学者从突现的整体性特征出发，推导出系统的高层次属性随附于低层次的系统组分，从而用随附性观点来解释高层次与低层次的因果关系。其分析论证过程如下：首先，整体性往往是与共时决定性紧密相关的。共时决定性是指系统组分与系统的突现属性协同共变。其次，从共时决定性推导出随附性。因为共时决定性的概念，随附性概念由此产生。随附性是指一个系统整体性属性和倾向依附于、依赖于系统组分的属性和倾向。随附性会导致将整体属性视为副现象的观点。

主张随附性观点的著名学者有麦克劳林（B. P. Mclaughlin）、金在权和查尔莫斯。麦克劳林认为，随附性就是："如果 P 是 W 的一种性质，P 是突现的，那么当且仅当① P 以律则必然性，而不是逻辑必然性，随附 W 的组分单独具有的或者从其他组合中获得的性质；且②联结 W 的组分的性质与 W 所具有的性质 P 的某些随附原理是基本的定律。这一基本定律是指当且仅当它不是由任何其他定律形而上地必然导出的。"[④]

---

① Kim J. Making sense of emergence [J]. Philosophical Studies, 1999, (95): 19.
② 范冬萍. 复杂系统的突现与层次 [J]. 学术研究, 2006, (12): 38.
③ 范冬萍. 复杂系统的突现与层次 [J]. 学术研究, 2006, (12): 38.
④ Mclaughlin B P. Emergence and supervenience [J]. Intellectica, 1997, (25): 14

金在权主张用随附性解释心灵因果关系问题。他提出了一种强随附观点，认为"如果 A 强随附于 B，那么对于 A 中的任意属性 F 而言，如果一个对象 x 具有 F，那么在 B 中就有一个性质 G，使得 x 具有 G，并且任何任意的 y 具有 G，则它具有 F"[①]。金在权的随附性观点表明，一旦物理状态确定了，心灵状态也就随之被决定了。这种观点的实质是一种完全还原的观点，将精神彻底还原为物质。

随附性观点虽然细致地刻画了整体与部分属性之间的关系，但是它所体现的突现性具有一种被决定、被还原的含义，无法解释突现所展现的新颖性特征，即（它）"虽然没有否定，但也无法说明突现性质以及所在层次的某种独立性。因此，（它）对于突现性的整体性特征的解释是必要的，但却不是充分的"[②]。

第三节 认知动力主义的心灵下向因果性

心灵因果关系问题是长期困扰人类思想的一个难题。哲学史上已经有过许多的解决方案，都未能令人满意。科学技术的巨大成功，使得大多数哲学家都放弃了唯心主义立场；二元论则因无法满足物质世界的因果闭合原则，无法解决心身交互问题而困难重重；唯物主义虽然有现代科学技术的支撑，但是它对心智的功能主义解释，或还原主义解释还无法满足形而上的逻辑分析。

一些学者将动力系统理论应用于心灵因果关系的研究中，提出了一种"下向因果关系"（downward causation）的观点，认为精神和心智是大脑的整体性质，在大脑活动的因果链条中，它们以不可还原的涌现形式出现在大脑运行过程的较高层次上，并且自上而下的控制和限制作为组分的神经元的活动；意识不可能通过化学、生物学获得完整的解释。必定存在一个统一的主观意图或者精神系统在因果上自上而下地控制每个脑半球的神经元的激发模式[③]。那么，动力系统理论蕴含着怎样的因果效力？这种因果效力如何看待精神和心智状态，以及这种新的视角具有何种理论框架和理论意义，就是本节将要探讨的问题。

一、对循环因果性的澄清

动力系统理论是 20 世纪 80 年代随着混沌理论从纯粹的理论抽象到应用于

[①] Kim J. Concepts of supervenience [J]. Philosophy and Phenomenological Research, 1984, (65): 17.
[②] 范冬萍. 复杂性科学哲学视野中的突现性 [J]. 哲学研究, 2010, (11): 104.
[③] 罗吉尔·斯佩里. 寻求与科学相容的生活信念 [J]. 科学文化评论, 2004, (3): 99-114.

真实的物理世界之中而产生的一门新学科。它探索的是在混沌状态下，复杂系统内部潜在的动力学。该理论认为，大量独立的变量以多种方式相互作用，自然界简单的过程能够产生复杂性系统，且不带丝毫随机性。这些复杂系统具有平衡秩序和混沌的能力，即在平衡点上，系统处于稳定性与完全陷入混沌的悬浮状态。

复杂系统具有三个重要的特征：其一，复杂系统能够自组织。自组织的过程是自然发生的，没有中枢的控制者，例如，一群正在迁徙的候鸟，它们调整并适应自己身边的同伴，无意中把自己组织到一个规则的群体中。又如，原子之间形成的化学键，会把自己组织到复杂分子中。也就是说，动力系统理论关注的是非线性行为。其二，复杂系统具有适应性。复杂系统不是被动的，它对对其有利的事物会做出积极的反应，例如，每个物种能够适应环境的变化；市场会对价格、技术进步做出回应；人脑不断地组织、再组织数亿个神经元之间的连接，以便从经验中学习。即，动力系统理论描述的是复杂系统在一定时间内会以某种确定的方式演变、发展的过程。其三，复杂系统凸显了事物之间的内部关联。任何事物都与其他事物相联系，树木与气候、人与环境，各个社团之间，个人之间都彼此关联，所有事物都不再孤立。

不过，动力系统理论所呈现的混沌期间并不意味着它是非决定论或强调任何偶然性，而是认为系统对初始条件存在敏感依赖性，最初极小、细微的变化能导致完全不同的结果。这就是所谓的"蝴蝶效应"。

接下来我们以液体对流模式中著名的"瑞利－贝纳尔不稳定性"（Rayleigh-Bénard instability）现象为例，探讨动力系统理论所蕴含的循环因果关系。瑞利－贝纳尔对流是指在重力作用下底部受热的水平液体层中的热不稳定性流动问题。"1900年，法国科学家贝纳尔（H. Bénard）在实验中发现：在温度均匀的水平金属板上放一层薄薄的液体，当从下面均匀加热金属板，液体上下层温差不大时，液体保持静止，热量在液体分子间以随机的微观运动自下向上传递；若上下温差（又称温度梯度）超过一定的临界值，液体因静平衡失衡而开始流动，液体中出现类似蜂房的六边形网格胞状结构，每个六边形中心的液体向上流动，边界处液体下向流动，形成环流圈。"[①] 从动力系统理论来看，"当环流产生时，液体作为一个协调的整体开始运动，它不再是随机的，而是一种有序的环流运动。形成这种运动的原因在于温度较低、密度较大从而往下坠落的上层液体，与温

---

① 王振东. 漫话石柱群与瑞利－贝纳尔对流 [J]. 自然杂志，2011，(2)：47.

度较高、密度较小从而向上升起的底层液体之间产生的一种集体效应。该运动的形成并没有任何外部指令的控制，而是一种自组织行为"[1]。

在动力系统理论中，贝纳尔不稳定性系统中的温度阶梯被称为控制参数。环流圈被称为"序参量"，它是该动力系统的吸引子，它吸引、促使最初随机的液体分子形成整体性、有序协调的动力模式。序参量还体现了协同学的役使原理，即环流圈的宏观运动"奴役"了个体分子的微观运动。这种宏观运动与微观运动之间的关系通常被称为循环因果。一方面，是个体分子间的微观运动形成了环流圈的宏观运动；另一方面，环流圈的宏观运动会下向地控制或限制个体分子的微观行为。循环因果关系被认为是许多自组织系统的典型特征。

首先，循环因果关系的基本哲学预设认为事物是一个分层的结构体，包括系统内部各个组分层次，以及系统整体的涌现层次。作为部分的组分层次之间的相互作用会导致、引发系统整体的涌现层次。但是，系统的特征并不全是其组分层次所具有的特征。系统除了继承组分的特征之外，还有其独有的特征。

其次，循环因果关系包括层间的向上因果效力和下向因果效力两种类型。以贝纳尔不稳定性系统为例。最初液体分子的运动是随机性的，当温度达到某个阈值时，个体分子的运动就表现出一致性，从而形成一个自然生成的系统。这表现为从现象上，我们可以观察到液体形成的环流模式。从个体分子的行为到自发系统的形成过程，是一种自下而上的启动限制（bottom-up enabling constraints），即正是个体分子的运动使得自组织成为可能，它启动了自组织的形成过程。这就是组分到系统的向上因果效力。

最后，环流模式形成以后，个体分子行为的自由度大大地降低了，因为分子此时作为系统的部分，已经处于某种一致行为之中，它在初始条件下的行为可能性已经被改变，或受限制了。同时，系统作为整体已经形成，便具有它自身的特征、可能性和潜在性。也就是说，本质上，涌现层次已经不同于其低层次的组分层级。系统的涌现层次对个体分子产生的影响，是一种自上而下的选择限制（top-down selective constraints），即"系统通过促进组分之间的互相依赖，删除不具因果效力的组分，并限制组分行为的变化，维持和增进其自身的一致性、整体性、组织性和同一性"[2]。这种自上而下的选择限制是为系统整体服务的，同时对组分产生一种下向的因果效力。

---

[1] Kelso J A S. Dynamic Patterns: The Self-Organization of Brain and Behaviou [M]. London: The MIT Press, 1995: 7.
[2] Juarrero A. Dynamics in Action. Intentional Behavior as a Complex System [M]. Cambridge: The MIT Press,, 1999: 143.

二、心灵下向因果性的论证

动力系统理论中的这种自上而下的选择性限制效应,被一些支持动力学假说的学者认为是一种更令人满意的解释心灵因果关系的模式,并将其称为心灵下向因果关系。他们认为,系统宏观的整体性行为控制或限制系统内部局部的交互行为这一事实,证明主观性的心智状态与大脑神经元的物理化学过程之间存在一种整体到局部的决定关系,即下向因果关系,而这正是心灵在物理世界发生因果效力的方式。

下向因果机制的论证过程为:

前提1:大脑的认知系统是由微观层次的神经行为与宏观层次的心智行为构成的某种动力系统。

前提2:主观的心智行为是大脑动力系统的高层级整体特征。

结论:心智行为会"下向"地控制、限制作为组分的神经元活动。

具体而言,动力学假说认为,"从动力学角度理解认知是最好的,自然的认知系统是某种动力系统"[1],即低层级的神经元微观运动与大脑整体的、自然涌现的心智活动组成了大脑的复杂动力系统。

首先,大脑的认知过程是一个自组织过程。从本质上看,神经元之间的连接行为是非线性的。现代认知心理学、认知神经科学已经证明大脑中并不存在中枢的处理系统。大脑的信息处理模式是分散的、并行的,是通过无数个神经元的相互连接而自然涌现的结果。它们的连接方式是非确定性和非周期性的。

其次,大脑具有高度的适应性。外部环境总是与预期不尽吻合,甚至大相径庭。但是,我们总是能够通过不断的反馈,进行自我调节,影响大脑系统的输入,从而改变认知过程的运作。究其原因,"是当大脑从本质上作为一种混沌系统,从定义上被理解为无数的不稳定性周期轨线时,才能够解释它所具有的独一无二的能适应不可预知的外部环境的能力。混沌使得大脑可以进入任何不稳定的轨线以满足功能性要求。因此,当智能体在面临某个认知、情感或环境需求时,会选择适当的轨线或轨线序列,并通过一种混沌同步机制获得稳定性"[2]。

---

[1] Van Gelder T. What might be if not computation?[J]. Journal of Philosophy, 1995, (91): 347.
[2] Kelso J A S. Dynamic Patterns: The Self-Organization of Brain and Behaviou[M]. London: The MIT Press, 1995: 284.

最后，针对建立经典认知主义的符号计算表征研究范式逐渐暴露出的局限性，许多学者已经认识到认知系统不是独立于周围环境的封闭系统，而是一种开放性系统，它无时无刻不与周围的环境、作为感知系统与行为系统的身体发生交互作用。认知系统正是在这种极不稳定的条件下自然而然的发生并得以维持的，且同时产生新的结构和行为模式。

既然大脑的行为模式可以被理解为一种动力模型，因此只要确定组成系统的变量和控制系统的参数，就可以对该复杂系统的变化进行定量分析。那么，主观的心智行为是如何嵌入到神经元活动这种客观物理世界之中的呢？

凯尔索认为，主观的意向行为是认知动力系统中的序参量，会对认知系统产生控制力。首先，神经元形成的相对稳定的行为趋势设定了我们意欲的意向行为。例如，我想弹奏每秒10个音节的切分模式的旋律，但是手指在该频率上的不稳定性会限制我的意图。其次，意向性限制着作为组分的低层级的神经元活动。在特定时间点上，相对于神经元的非线性行为，意向性的相对稳定性使其更能描述神经系统的协调行为。因此，在状态空间中，就动力系统的变化轨线而言，意向性是一种主导性因素，如同贝纳尔不稳定性系统中的环流圈一样，可以作为序参量被纳入认知动力系统之中。进而，意向性作为一种高层级的神经模型会下向地约束低层级的神经元活动。[①]

较之传统的因果关系，动力系统的下向因果关系的确为心灵的因果效力提供了一个更恰当的解释模型。例如，拉尔（Tjeerd Van de Laar）就认为，传统的心灵因果关系，要么将心智状态视为一种触发因素，要么将其视为一种后置效力[②]，都存在致命的理论缺陷。触发因素认为是心灵促使，或者说启动了物理身体行为的产生，但是这却违背了物理世界的因果闭合法则，即物质世界的因果关系是自我封闭的，它不允许存在任何非物质作用的影响，具有完全的闭合性。如果否认因果闭合原则，对于出现在物理世界的因果关系允许非物理的原因或非物理的结果，我们就会诉诸鬼神、灵异来解释物理现象，其结果只会摧毁科学。因此，将心灵事件作为一种触发因素是不可取的。

后置效力则认为是物理状态决定了心智状态。在因果链条上，心智状态被置于一系列物理事件链条的演变过程之后。金在权的"随附理论"就是典型的

[①] Kelso J A S, Fuchs A. Self-organizing dynamics of the human brain: critical instabilities and sil`nikor chaos [J]. Chaos, 1995, (5): 64-69.

[②] Van de Laar T. Dynamical systems theory as an approach to mental causation [J]. Journal of General Philosophy of Science, 2006, (37): 307-332.

将心智状态视为后置效力的因果关系理论[①]。事实上，该理论正是为了弥补触发因素的理论缺陷，试图在遵守物理世界的因果闭合法则的前提下提出的。该理论假定，一旦某种大脑的物理神经活动状态出现了，心灵状态就相应地被固定了。也就是说，当某个物理状态出现后，心灵状态就无法改变了。"随附理论"认为，心灵不是物理事件的原因，相反，是物理事件实现了心灵事件。该理论的进一步推论则是将心灵还原为物质。这已经剥夺了心灵所具有的因果效力，认为物质实现者是唯一的、真正具有因果效力的因素。而心灵则类似于浪花的泡沫，仅仅是一种不具有成因动力的副现象。而动力主义的下向因果关系将心灵状态视为一种正在发生的控制性或限制性因素。一方面，意向行为是由大脑微观层面的神经活动自下而上地决定的；另一方面，意向行为又会自上而下地决定微观的神经活动。这弥补了传统理论的缺陷，既解释了心智事件与物理事件的交互机制，又避免了心智事件被作为副现象看待。

三、心灵下向因果性的理论框架

在传统哲学中，心灵属性的因果法则是物理完整性论题（thesis of the completeness of physics），即所有的物质事件，在它被决定的范围内，是由先在的物质事件和物理法则决定的，没有任何非物理的东西能够进入物理领域并作为原因发挥作用。

具体而言，物理完整性论题由以下原则构成：

（1）物理主义原则（physicalism），即所有的事物都是由物质或微观物质组分组成的，或相同一。所有的属性都是由物质性的属性或微观属性组分实现的，或相同一。例如，如果 X 实现了 Y，那么只有当 X 与 Y 被示例为属于相同的物质时才会成立。

（2）因果继承原则（causal inheritance principle），即事物的因果力等同于构成该事物的组分的因果力。隐喻地说，就是事物的因果力继承了其组分的因果力。例如，如果 X 实现了 Y，那么只有当 Y 蕴含的因果力与 X 产生的因果力相匹配时才会成立。

（3）因果排斥原则（principle of causal exclusion），即任何事件都只有一种完整、独立的因果解释链条。当物理原因充分地决定一个事件时，就不会存在

---

① Kim J. Mind in a Physical World: An Essay on the Mind-Body Problem and Mental Causation [M]. Cambridge: The MIT Press, 1998.

关于该事件的任何其他类型的原因。例如，桌球台上的小球，当球杆对它产生一个推力时，它就会被推进桌球台上的球洞里。球杆的推力和小球进洞之间的因果关系是清晰、完整和独立的。显然，按照上述原则，心灵属性要么是一种副现象，要么被视为一种被实现的属性，这种属性与作为实现者的物理属性相同一，因此心灵与物质是一种自下而上的实现关系，可以被物理属性还原，而不存在一种由心灵到物质的自上而下的下向因果力。

吉勒特（C. Gillett）将这种实现机制称为"平面实现观点"（Flat view of realization）。这种实现机制的一种重要特征就是，所有被实现的属性只是来源于其实现者的微观物质的属性，且在因果力上也仅仅是继承了其实现者的微观物质的因果力，因此高层级不具有因果力。可以看出，在平面实现机制的形而上框架中，因果关系被简单地视为事物对其组分的继承关系、同一关系。对因果链条的提取也过于平面化，完全脱离了事物所处的语境，将因与果简化为 A 到 B 的单向关系。

事实上，即使我们完全了解低层级事物的属性和规则，仍然无法解释高层级的现象。按照动力系统理论的框架结构，吉勒特认为，现有的形而上框架应该增加以下要素——被实现者、被实现者的属性、被实现者对低层级实现者的作用力，以及低层级实现者之间的连接关系，并提出了一种基于动力系统理论的分维实现观点（a dimensioned view of realization）——"在某事物 S 中，尽管 S 的组分连接关系 F_1-F_n 实现了属性 G，但是 G 并不同一于 F_1-F_n，而是例示于 S 中的，同时 F_1-F_n 之间的因果力也不与 G 相同一。"[1] 即层级间的属性例示于不同的个体中。

吉勒特以钻石的硬度为例，对分维的思想进行了说明。他假设钻石 S^* 是由碳原子 s_1-s_n 组成的。碳原子间特定的排列关系由 A_1-A_n 等表示，特定的联结关系由 B_1-B_n 等表示。钻石的硬度为 H，形成钻石硬度的因果力为 C^*。其中某个特定碳原子的联结和排列的因果力为 C^D，即在一定的温度和作用力下，相对于其他碳原子，该特定碳原子在当前方位的已定范围内维持与邻近碳原子的作用力。

吉勒特指出，在科学上，H 是通过 s_1-s_n、B_1-B_n 和 A_1-A_n 解释的，C^* 是由 C^D 解释的。这意味着虽然 H 是由 s_1-s_n、B_1-B_n 和 A_1-A_n 实现的，但是 H 却与 s_1-s_n、B_1-B_n 和 A_1-A_n 不相同一，因为 H 是例示于钻石 S^* 中的，而 B_1、A_1 却是例示于 S_1

---

[1] Gillett C. The dimensions of emergence: a critique of the standard view [J]. Analysis, 2002, (62): 322.

中的。同时，就因果作用力而言，H源自C^D组成的C^*，但是C^*与C^D却不相同一，因为C^*对S^*产生因果力，而C^D仅仅对某个特定的碳原子维持其相对紧密的空间范围产生因果力[①]。

在这个例子中，实现者和被实现者都被例示于不同的个体中，s_1-s_n、B_1-B_n和A_1-A_n并不能为S^*产生因果力C^*，因为它们例示于碳原子s_1-s_n中，而不是S^*中，因此s_1-s_n、B_1-B_n和A_1-A_n产生的因果力与H产生的因果力不匹配。也就是说，科学解释并不支持"平面实现观点"和因果继承原则，只有通过多维度的系统分析才可以解释物质、物质组分以及它们的因果关系。

综上，分维实现机制有以下几个特征：

其一为被实现属性的涌现性。如前所述，物质的属性虽然是由该物质的组分实现的，但是该属性却并不存在于作为实现者的组分之中，而是例示于高层级的物质之中，是物质的一种新属性。这完全符合自组织中的涌现属性，即以简单要素为起点，以动态方式彼此联结起来的网络或系统会产生一些新的属性。

其二为被实现属性对低层级的下向因果关系。吉勒特认为，物理完整性论题忽略了物质实现的条件因素，当X实现Y时，必定需要一定的实现条件C，如果C不被满足，X就不可能实现Y。分维实现机制则充分重视实现条件在整个系统变化过程中的作用。它认为，低层级属性所产生的因果力是混杂、多变的。当系统的高层级属性被实现时，系统组分的连接关系所产生的效力必定不同于高层级属性没有被实现时，其产生的效力。同时，当高层级属性被实现时，它必定会促使其组分持续地产生与高层级属性相匹配的效力，从而限制低层级属性效力的多样性，将其效力固定在某个值上。因此，因果力不但由低层级属性决定，同时也包括被例示的高层级属性是否下向地决定低层级属性而产生的作用力。

其三为被实现属性的终极不可推论性[②]。吉勒特指出，当物质整体属性H实现时，物质组分S_1所产生的作用力不同于H未实现时，S_1所产生的作用力。这一事实排除了物理基础集中仅仅只有物质与物质组分这两个子集。因此，在物理基础集中，还应当增加高层级的被实现的物质属性这一子集。被实现属性是低层级组分彼此联结产生的一种整体性物质属性，它无法被省略，同时它对低层级还具有根本性的决定作用，因此它不能被还原为低层级的组分。

---

① Gillett C. The dimensions of emergence: a critique of the standard view [J]. Analysis, 2002, (62): 318-319.
② Gillett C. Strong emergence as a defence of non-reductive physicalism: a physicalist metaphysics for "downward" determination [J]. Principia, 2002, (6): 89-120.

四、心灵下向因果性的理论意义

1. 对心身的交互作用提供了一个更好的解释框架

在传统哲学中，心身的交互作用是由二元论提出的。笛卡儿的心身交感论认为，精神和物质、心灵与身体是两种独立存在的实体，精神和心灵是居于脑内的松果体中而与物质的身体发生交互作用的。莱布尼茨的平行论认为，心灵与身体是两种平行存在的东西，互不相干，它们之所以能够彼此对应是因为上帝的安排。赫林克斯的偶因论也认为，是上帝在互不相关的时空片段中创立了事件的连续性，心身间的因果关系根本不存在。当今的新二元论主要是心身交感说。例如，波普尔和埃克尔斯的二元论交互作用学说认为，心灵和大脑这两个世界有着连续不断的交互作用。他们主张，"一方面，不断进行扫描活动的自我意识的心灵对大脑中的神经事件进行解读，并且将它们整合为统一的体验；另一方面，自我意识的心灵广泛作用于大脑区域，从而导致那些最终导向运动椎体细胞活动的产生，并产生了自我意识心灵所期望发生的动作"[1]。

事实上，所有的二元论学说都必须解释心身间交互作用的性质，既然心灵是一种独立的实体，那么物质事件与心灵事件是如何发生作用的，物质事件与心灵事件彼此通达、连贯的路径是什么？笛卡儿的学说已经被科学研究所抛弃，莱布尼茨和赫林克斯的学说需要借助上帝之手，也不足以采信。而当代的二元论"即使对交互作用进行了定位，仍然无法解决心-身之间的鸿沟。就任何物理描述而言，自我意识的心灵所具有的影响力仍然像魔法一样不可捉摸。"[2]

下向因果关系则主张心灵是由高度复杂的大脑组织"突现"出来的一种全局性属性，物质在大脑中质变出了意识，心灵在高层次上制约或反作用于低层次的大脑神经活动。通过混沌系统的动力学原理，心灵不再被视为一个独立于物质的存在，而是由物质实现的。它们之间的交互作用也变得清晰了。

2. 为驳斥物理主义的还原论提供了一种分析性论证

在传统哲学中，就物质与精神、心与身的关系而言，物理主义有两种解释：其一为物质产生精神，身体、脑产生意识、心灵；其二为随附性或功能主义解释：前者认为精神随附身体而存在，心灵或意识是身体派生的，没有独立作用。

---

[1] 布莱摩尔. 人的意识 [M]. 耿海燕等译. 北京：中国轻工业出版社，2008：39.
[2] 布莱摩尔. 人的意识 [M]. 耿海燕等译. 北京：中国轻工业出版社，2008：40.

后者认为心灵现象只是脑或身体呈现的功能状态,心灵不是非物质的东西。在当代认知科学的革新浪潮中,唯物主义获得了巨大发展,心灵的本体论立场受到了严重挑战。例如,以丘奇兰德为代表的取消主义主张彻底抛弃心灵观念,以戴维森为代表的解释主义倡导视心灵之于大脑如同经纬线之于地球一样的观点,以费格尔为代表的心身同一性理论主张心理状态就是物理状态,以阿姆斯特朗为代表的功能主义认为心灵状态是一种功能状态,以福多为代表的自然主义主张用自然科学原则说明心灵。虽然这些学说存在差异,但有一点是相同的,即认为心灵是虚构的或者表现为功能,真正存在的是物质的脑及其物理、生理过程。

反驳物理主义还原论的论据主要集中在三个方面。其一是从心象进行论证,即人的心理现象和活动是我们切身体验的事实,各种思想、感受是真切存在的。直接感知的内容应当是首先被认可的、首要的东西,客观事物都是从体验中被证实的;其二是从能知性进行论证,即一切心灵现象不仅存在,而且其主体还知道该心象的存在。"知"是对所知内容之在的肯定,而肯定则是一个主体的自我判断,且伴随着一定的情感和意向,因此能知性是一种有着主观体验的心性,而非一种关系。其三是从自我进行论证,"我是在知的基础上推导而出的,我是知的主体,一切知都是某个我的知,是所知内容之在的自我肯定与确信。即一切所指内容都与我相通并向我来属,我通透于一切所知内容而使其澄明显现"[①]。

可以看出,这些论证都来自主观的感受体验,是一种主观性论证。下向因果关系的形而上框架则为批判还原论提供了一种分析性论证,用一种逻辑分析方法解释了心灵属性虽然由神经活动实现,但并不同一于神经活动,因此无法被还原为神经活动的事实。

3. 拓宽了传统因果关系的范畴,为我们理解因果关系提供了新的路径

因果律认为,世间一切事物的发生、发展、变化与消亡都是有促发因素的,原因在前,结果后随。具体而言,"前一时刻或时段中系统内各元素的相互作用是原因,后一时刻的系统状态是结果。由于事物的变化只能通过内外因素的相互作用才能够发生,孤立的基质无从变化,因此原因只能是先行的相互作用的事件"[②]。在水平的因果链条上,当 $A \to B$ 时,推论①:A 是原因事件,B 是结果事件是成立的,

---

① 维之.心身关系研究的困境与出路[J].南通大学学报,2009,(3):1-10.
② 维之.心身关系研究陷入困境的原因分析[J].阜阳师范学院学报,2009,(7):80-85.

而推论②：B 同时又可以是原因事件，A 是结果事件就是不成立的。

但是，在垂直的、分层的因果链条上，推论②就可能是成立的。层级间的因果关系不但包括低层级对高层级向上的原因作用，也包括高层级对低层级下向的原因效力，即自组织的涌现属性会对组织内相对自治的低层级产生有效的作用力——低层级原先行为的随机性被改变了，低层级的自由度被降低到维持当前系统行为的状态。

事实上，已有一些动力主义者提出应当拓宽因果关系的概念。他们指出，因果关系不应当是简单的、直线式的。层级间的循环因果也是一种有效的因果关系[1]。我们认为，传统的因果关系的确过于狭窄，动力系统理论的下向因果关系从更立体的角度去看待事物之间的联系，对事物的成因更具有说服力。

第四节　功能主义对下向因果性的反驳

一、对下向因果性的消解

如前文所述，金在权不同意突现的下向因果性，在《澄清突现的意义》(*Making Sense of Emergence*) 一文中，他根据功能主义，提出了一个模型，力图对突现的下向因果性进行还原和消除。下面我们来看看他的分析过程：

首先，金在权指出，下向因果关系预设了世界的层次性，即世界是具有层级结构的，突现问题实质就是层次之间的因果关系问题。

其次，他认为，突现问题既然是层次之间的关系问题，那么就层次而言，在逻辑上，其因果关系就可以分为下向因果关系、上向因果关系和同层因果关系三种。

再次，他提出一个"下向因果关系原理"，即要引起任何一种属性被例示，前提条件是必须具有引起该属性得以产生的基本条件。这其实是一种功能主义的观点。金在权认为，按照该原理的分析，上向因果关系已经蕴含了下向因果关系和同层因果关系，他的论证过程如下：首先看上向因果关系对于同层因果关系的蕴含关系。如果层次 L 具有属性 M，它引起层次 $L+1$ 具有了属性 M^+。假定 M^+ 由 L 层的一个属性 M^* 中突现出来。此时，金在权反问，对于 M^+ 的出现，

---

[1] Thompson E, Varela F. Radical embodiment: Neural dynamics and consciousness [J]. Trends on Cognitive Sciences, 2001, (5): 418-425.

应当由谁来解释呢？毕竟属性 M 和 M^* 都处于 L 层中。如果答案是 M，那么产生的矛盾是 M^+ 的出现是由于它的突现基础 M^* 已被实现。如果存在突现基础 M^*，则 M^+ 必然被例示。因此无论给定条件是什么，M^* 对于实现 M^+ 是充分的。但是如果答案是 M^*，又违反了上向因果关系的设定。因此，金在权认为，解决的唯一办法是，M 的因果作用是通过它的基本条件 M^* 来引起 M^+。此时 M 作为 M^* 的原因是同层次因果关系的例示，这就表明上下因果关系预设了、包含了同层因果关系。

同理，金在权认为，同层因果关系假定了下向因果关系。假定 M 引起了 M^*，且它们都位于同一层次 L。但是，M^* 是由 L–1 层次的 M^- 产生的，当我们回答 M^* 如何被例示时，我们同样会得出 M 是通过引起 M^- 来导致 M^* 而被例示的。而此时 M 引起 M^- 是下向因果关系，因此，同层因果关系包含了下向因果关系。正是通过在低层次属性与突现属性之间安插一个突现得以产生的条件，金在权将下向因果关系和同层因果关系还原为上向因果关系。

最后，金在权进一步分析了下向因果关系的实质是一种过剩原因，是一种副现象。他的论证过程为：①作为高层次的突现属性，它必然在低层次有一个使得该突现属性实现的条件或者基础，即高层次的突现属性在低层次中存在一个实现者。如果 M 表示手被烧着的疼痛感，它引起手缩回的行为结果 M^*。那么作为高层次的 M^* 是如何实现的呢？金在权认为，必然存在一个实现 M^* 的实现者，这个实现者就是肌肉收缩状态的肌肉纤维的变化 P^*，是 P^* 导致了或实现了 M^*。②那么 M 呢，它对 M^* 负责吗？金在权认为，M 到 M^* 是一个副现象，M^* 真正的实现者是 P^*。③ M 与 P^* 的关系是什么呢？是 M 引起 P^* 吗？金在权认为，M 到 P^* 之间的下向因果关系也是副现象。因为 M 本身作为高层次突现属性，同样也具有其自身的实现者 P，这样一来，P 对于 M 是律则地充分，而 M 对于 P^* 是律则地充分，所以 P 对 P^* 也是律则地充分，进而 P 成为 P^* 的原因，引起了肌肉收缩的肌肉纤维的改变。如此，P 和 M 都成了 P^* 的原因，产生了原因过剩决定的问题（图 4-5）。

"因为 P 是 M 的基础，M 只能通过 P 实现，所以 P 可以优先成为 P^* 的原因；又因为 P 与 M 之间不是因果关系，而是实现关系，所以 P 不能建立以 M 为中介的因果链条导出 P^*。由此，金在权的结论是，作为 P^* 的原因，突现性质 M 是多余的、不必要的。P^* 可以简单的由 P 来解释，而不用借助 M。"[1]

---

[1] 范冬萍. 论突现性质的下向因果关系——回应 Jaegwon Kim 对下向因果关系的反驳[J]. 哲学研究，2005，(7)：111.

(痛) M - - - - - - - - - - → M^* (手退缩)

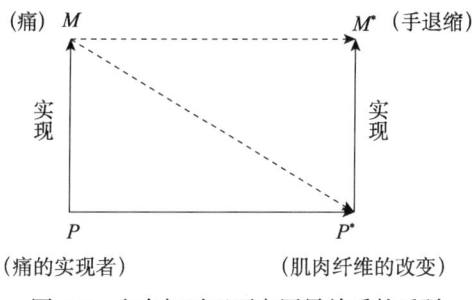

实现　　　　　　　　实现

P ─────────────→ P^*
(痛的实现者)　　　　(肌肉纤维的改变)

图 4-5　金在权对于下向因果关系的反驳

由此，金在权不但将下向因果关系消解为一种副现象，即对物质世界不具有任何因果作用的现象，同时认为下向因果关系本身可以通过上向因果关系得以解释，这实际上是将所有的因果关系都还原为最低层的因果关系。金在权本人认为，从本体论的观点看，还原意味着必须导致一种更简单的、线性的本体论。[①]

二、下向因果性的不可还原性

从金在权对于突现层次与其实现者的关系来看，他运用了一种功能主义的观点。他将突现属性视为一种功能状态，因为按照功能主义的观点，当该功能状态存在时，必定对应于一定的物理状态。因此，在金在权看来，突现属性并不是由低层次的属性产生的，必定还存在一个低层次属性所产生的物理状态，是这个物理状态实现或对应于该突现属性。事实上，当他对突现属性进行功能化的同时，已经预设了突现属性是一个完全多余的副现象，因为他假定突现属性"完全彻底的依赖于"其作为充分条件的低层次的实现者。但是问题是，当突现属性被功能化时，应该如何确定该突现属性的实现者。从金在权的解决方案来看，他将系统层次之间的关系简单地视为一种单一的、线性的结构。这一观点的正确与否直接决定金在权消解下向因果关系论证的成败。

"事实上，实现一种突现性质的因素是复杂的，即使主要实现者在其（低层次）的基础域中，它也不能离开系统的环境的作用，它是在整个环境网络或脉络中实现的。"[②] 也就是说，理解世界是一个语境化的、非线性的层次结构对于确定突现实现的因素至关重要。范东萍认为，"作为 M 的充分条件的实现者，应

[①] Kim J. . Making sense of emergence [J]. Philosophical Studies, 1999, (95): 3-36.
[②] 范冬萍. 论突现性质的下向因果关系——回应 Jaegwon Kim 对下向因果关系的反驳 [J]. 哲学研究, 2005, (7): 112.

该包括低层次基础因素 p、高层次环境因素 h，以及同层次因素 m 的合取，即 $p\&h\&m$。这时，p 不是 M 的充分条件，P^* 不是 M^* 的充分条件。那么，金在权将 M 完全还原为 P，消解下向因果关系、同层因果关系的论证就难以成立"[1]。

事实上，层次之间的因果关系本身也是一个复杂的网络。就其内部而言，它并不是恪守某种严格确定的等级关系，而是常常表现为层次之间的跨越或跳跃式作用；就其外部而言，各个层次随时都与外部的环境产生交互影响，由此而产生的作用力会影响该层次的上级、下级或同级的层次，这种非线性的作用力是不可能被简单地还原的。

当代科学的发展也为下向因果的不可还原性提供了越来越多的证据。例如，格式塔心理学派的研究表明，人的知觉体验并不是各种感觉的总和。例如，当我们看到一个物体，如桌子时，我们看到了它的不同方向、不同空间位置的线条、颜色等，但是，我们的大脑是如何将这些有颜色的线条组合成为一个关于桌子的知觉体验的呢？关于知觉障碍的病例表明，我们的意识经验并不是各个知觉的简单相加，在各个部分的知觉之外，还存在一个高层次的整合能力。

另外，就下向因果性与复杂系统的突现属性而言，它关系到高层次的突现是否具有低层次属性所不具备的新颖性，以及不可还原为低层次规律的解释的自主性，因为突现属性需要通过下向因果关系来体现和确认。因此，从这个角度而言，"下向因果性不仅是突现的关键特征，也是突现性的本体论确证"[2]。

---

[1] 范冬萍. 论突现性质的下向因果关系——回应 Jaegwon Kim 对下向因果关系的反驳 [J]. 哲学研究，2005，(7)：112.
[2] 范冬萍. 论突现性质的下向因果关系——回应 Jaegwon Kim 对下向因果关系的反驳 [J]. 哲学研究，2005，(7)：108-114.

第五章 基于认知动力主义复杂性的思考

我们的世界极其复杂,其复杂的程度无穷无尽。因此,我们描述和说明自然科学、社会科学的计划绝不是完美无缺的。认知动力主义复杂性确证了我们对于传统的追求一致、完全和确定性原则的认识论的批判,并进一步引发了我们对于人与自然、主客体认识关系的反思。认知动力主义揭示了复杂性不仅是人的经验,而且是实在的一种深刻的属性。因此,追求客观知识的客观主义或者建构主观知识的主观主义必定存在自身无法逾越的理论障碍。尽管世界是复杂的,我们的认知是复杂的,我们关于无尽复杂世界的知识不存在完美的真正前景,但是我们受限于复杂世界的事实并不是某种绝对的悲剧。认知动力主义揭示了知识产生于主客体相互交互的动力机制中,知识本身也就具有了动力的历史进程,我们仍然可以从所处的生存状态中获得知识并反思自身。本章阐述的内容分为三个部分:第一,追溯认知动力主义理论的哲学渊源,以具身性哲学思想中的认知复杂性为中心,阐述传统认识论中的理论困境以及具身性思想对这种困境的解决。第二,阐述哲学中确定性到非确定性原则的转变,以及认知动力主义复杂性对于非确定性的确证。第三,从认知动力主义复杂性的角度论述人与自然之间的认知关系,揭示认知绝不可能达到完美,而是一个不断建构、持续的演化过程。

第一节　认识复杂性的思想渊源

一、传统认识论中的悖论

从笛卡儿以来，西方哲学史上就发生了从本体论到认识论的重大转向，从本体论为中心的哲学转向以认识论为中心的哲学研究。也就是说，与古代认识论相比，在近代认识论哲学中，我们对于本体的获知是从心灵中推演出来的，认识论不再是紧随本体论之后的，对实在的、先在的本体进行置后的、补偿性的诠释，恰恰相反，本体是从心灵的"思"之中得到确证的。这样的哲学转向产生的后果就是：其一，哲学的首要问题从世界的本质是什么，什么是存在转变为知识的形式是什么，认知何以发生，世界是怎样构成的；其二，就认识论与本体论的关系而言，认识论不再是本体论的附庸，它们不再是传统意义上外在的表征与被表征的关系，而是一种内在的内嵌、内生式的关系，即在心灵的"思"中内蕴了本体的存在，本体是心灵所进行的形而上思考。

应当指出的是，尽管从古代哲学到近代哲学发生了从本体论到认识论的转向，但是关于认识论的关系却没有改变，坚持心身二元的分离，且始终坚持二者之间的单向关系，即关于人与自然的关系被设定为认知的主体和客体，而人又进一步被设定为身体和心灵。梅洛-庞蒂在总结现象学的重要理论意义时曾将认识论的这两个极端总结为"极端主观主义"和"极端客观主义"[1]，它们都是在主客体二元分立的前提下，极端主观主义追求一种主观先验的确定性，"自为的还原"；而极端客观主义追求一种客观知识的确定性，"自在的还原"。前者认为人类"纯粹的思"（笛卡儿心灵哲学）、"先验意识"（胡塞尔先验现象学）既在世界中且先于并构成这个世界，后者则排除一切主观因素，试图确立普遍有效的知识。事实上，它们都存在理论上的悖论。[2]

客观主义的悖论在于无法解释我们的主观体验。在客观主义那里，其体现的现象属性不仅被排除于科学之外，甚至被排除于身体之外，没有任何可以存在的空间。客观主义的危机在于，"它使许多人相信科学从人类行为、希望和梦想中过滤掉意义，只留下荒凉和空虚，正如分子生物学先驱雅克·莫诺

---

[1] 梅洛-庞蒂.知觉现象学[M].姜志辉译.北京：商务印书馆，2001：16.
[2] 李恒威."生活世界"复杂性及其认知动力模式[M].北京：中国社会科学出版社，2007：51-61

（Jacques Monod）所描述的'人类最终必定从他的千年梦中醒来，发现他是完全孤独的，他是根本孤立的。他必须认识到，如同一个吉普赛人，他生活在一个疏异世界的边缘；这个世界对他的音乐充耳不闻，对他的希望漠不关心，如同对他的苦难和他的罪行一样'"①。约翰·艾伦·保罗斯（John Allen Paulos）对于意识体验的推论颇具代表性，简单明了的概括出客观主义的科学对待主观体验的态度。他的论证过程如下：

"（大前提）x 能够用 y 来说明，y 并不具有性质 p，所以 x 并不具有性质 p。

（小前提一）草是绿色的，天是蓝色的，人的面孔是肉色的，所有这些色彩都可以用原子的性质来进行说明，如频率。

（小前提二）原子本身并不具有色彩。

（结 论）草不是绿色的，天空不是蓝色的，人的面孔不是肉色的。同理，类似的论证可以被用来说明，价值、伦理、理想，甚至意图和信念都是幻觉。"②

在客观主义那里，人不仅被排除在客观的科学世界中，更严重的分离在于人本身。人的身体与人的思维被进一步分割开来。身体作为客观的认识对象，受客观的科学原则支配，人的思维无法作用于人的身体，其结果是意识要么被认为是一种副现象，要么被彻底的否定，被视为一种假象，完全可能存在索尔·克里普克所说的生理方面完全一样，但是却没有任何意识和感觉的僵尸复制品。

贝克莱的主观观念论就是一种极端主观主义。该观点否认了世界的实在性，将世界消解为意识现象，世界被还原为人的心灵中的一个现象，世界不过是我们心灵中的呈现，世界本身并不存在。这是一种心灵一元论，"它把世界消解为一个主观世界。任何非内在性的东西被赋予一种单纯意向对象的地位，'存在'就是'被感知'。胡塞尔认为这种心理主义是荒谬的，因为作为人类心灵即作为某一局部领域的意识绝不能作为一个基本的领域来发生作用。心理学的意识是以无所作为的性质为其根本特征的：它只接受眼前的世界。在心理学的水平上，我们必须对为我存在和自在存在作出区别"③。

与此相对立的是实在论。实在论认为世界的存在是真实的，通过我们的主观意识我们可以认识外部世界。实在论强调的是主观与客观之间的关联，认为实在存在的世界可以通过我们的主观表象推导而出。

---

① Koch C. Consciousness：Confessions of A Romantic Reductionist [M]．Cambridge：The MIT Press，2012：4.
② 保罗斯．我思故我笑 [M]．徐向东译．上海：上海科技教育出版社，2002：109.
③ 德布尔．胡塞尔思想的发展 [M]．李河译．北京：生活·读书·新知三联书店，1994：394.

笛卡儿认识论哲学从怀疑论开始，通过知识论证证明世界的实在。笛卡儿首先怀疑感官知识，"直到现在，凡是我当作是最真实、最可靠而接受过来的东西，我都是从感官或通过感官得来的。不过，我有时觉得这些感官是骗人的"[1]。其次，笛卡儿进一步怀疑了感官活动的真实性，"虽然我们通过感官认知它们，却没有理由怀疑它们：比如我坐在这里，坐在炉火旁边，穿着室内长袍，两只手上拿着这种纸，以及诸如之类的事情。我怎么能否认这两只手，和这个身体是属于我的呢？"[2]笛卡儿对此的怀疑理由是，这些感性的活动也可能出现在梦中，以至于不能"清清楚楚地分辨出清醒和睡梦……（梦境和现实）都不过是一场虚幻的假象"[3]。因此，"我要把我自己看成是本来就没有手，没有眼睛，没有肉，没有血，什么感官都没有（的一个东西）"[4]。笛卡儿发现，当一切都可以被怀疑时，唯独这个正在怀疑的思维是不能否定其存在的，即使你否认思维的存在，这种否定的过程本身还是一种思维。所以，笛卡儿说，"严格来说我只是一个在思维的东西，也就是说，一个精神、一个理智或者一个理性"[5]。"我是一个本体，它的全部本质或本性只是思想。它之所以是，并不需要地点，并不依赖任何物质性的东西。所以这个我，这个使我成其为我的灵魂，是与形体完全不同的。"[6]这就是我们所熟知的"我思故我在"。

在笛卡儿进一步解释思维和知觉体验之间的关系时，心身被彻底的分离了。笛卡儿写道，"我就是那个在感觉的东西，也就是说，好像是通过感觉器官接受和认识事物的东西，因为事实上我看见了光，听到了声音，感到了热。但是，有人将对我说：这些现象是假的，我是在睡觉。就算是这样吧；可是至少我似乎觉得就看见了，听见了，热了，这总是千真万确的吧；真正来说，这就是在我心里被叫做在感觉的东西，而在正确的意义上，这就是在思维。从这里我就开始比以前更稍微清楚明白地认识了我是什么"[7]。这表明，笛卡儿把感觉视为思维的形式，"我"并不是体验着知觉感受内容的具体的我，而是一个先于一切感知的先验的实体，这些感觉内容与这个先验的"我"发生联系，前者是后者的形式和现象。因此，在笛卡儿那里，身体的知觉感受是心灵思维的认知对象。

笛卡儿的这种二元论面临的困境是心灵是如何拥有其认知对象的。笛卡儿

---

[1] 笛卡儿.第一哲学沉思集[M].庞景仁译.北京：商务印书馆，1986：15.
[2] 笛卡儿.第一哲学沉思集[M].庞景仁译.北京：商务印书馆，1986：15-16.
[3] 笛卡儿.第一哲学沉思集[M].庞景仁译.北京：商务印书馆，1986：16.
[4] 笛卡儿.第一哲学沉思集[M].庞景仁译.北京：商务印书馆，1986：20.
[5] 笛卡儿.第一哲学沉思集[M].庞景仁译.北京：商务印书馆，1986：26.
[6] 笛卡儿.第一哲学沉思集[M].庞景仁译.北京：商务印书馆，1986：28.
[7] 笛卡儿.第一哲学沉思集[M].庞景仁译.北京：商务印书馆，1986：28.

关注的是真正、纯粹的知识的构成问题，忽略了认知的发生问题。如果心灵是认知的实体，那么精神是如何作用于物质身体的呢？既然身体被作为客体而存在，它就不被视为心灵的器官，而是心灵的认知对象。正是带着对"认知的主观性和认知内容的客观性之间的关系作出普遍批判的反思"[①]，胡塞尔开始建立他的关于认识论批判的意识现象学。

但是，胡塞尔的现象学也没有解决人的主观性悖论，即人类意识是如何既在世界之中而又先于并构成世界的。"胡塞尔对客观主义自然态度的悬搁表明（我们描述和经验到的）世界是与意识的意向性行为是有关的，世界是世界－现象。一旦胡塞尔将超越论还原的'剩余物'纯粹自我以自我极的方式确定为绝对唯一的和确定一切构成的中心地位时，这个纯粹自我的构成能力就和生活世界的前反思的（前认识的、前理论的）、不可言喻的及匿名的地平线之间形成了一个在胡塞尔的超越论现象学中不可消解的悖论：一方面，世界作为世界－现象是纯粹自我的构成物，这表明纯粹自我是非'世间的'，它不是'在世存在'；另一方面，世界作为普遍的地平线（视域）又是纯粹自我的主观性的构成条件，即一切主观总是已经以生活世界为其匿名的地平线了。"[②] 也就是说，人本身作为世界的构成部分，是如何将世界作为它的意象形成物而构成的呢？身处世界之中，人又如何跳离世界、跳离自身去构建世界呢？部分怎么可能将整体吞噬呢？因此，诉诸超验自我的方案并没有解决主体性悖论。

二、回到生存活动的认知

"心智原本就是具身的"[③] 是当代认知科学的重要研究成果之一。具身心智表明：第一，就人的存在而言，他不是机械的、冷冰冰的纯粹物质的实体，他也不是脱离自然的纯粹精神的实体，而是一种身体－主体。第二，就人的认知发生而言，认识来自主客体的交互作用，它来自梅洛－庞蒂所说的一种处在两极之间的"暧昧"的存在，也就是说，身体的经验既是可感的，也是可逆的，主体最初通过身体的意向性活动与世界发生联系。

对于身体、感官感觉的重视可以追溯到亚里士多德，通过感官获得经验性的知识正是亚里士多德的知识观，相对于柏拉图关于知识的先验性，亚里士多

---

① 胡塞尔. 逻辑研究 [M]. 第一卷. 倪梁康译. 上海：上海译文出版社, 2006：3.
② 李恒威. "生活世界"复杂性及其认知动力模式 [M]. 北京：中国社会科学出版社, 2007：54.
③ Lakoff G, Johnson M. Philosophy in the Flesh: The Embodied Mind and Its Challenge to Western Thought [M]. New York: Basic Books, 1999: 1.

德详细地论证了感官感觉对于知识形式的重要性,即强调了知识的后验性。

在中世纪,亚里士多德的思想被阿奎那所强化,他认为,"感觉能力的主体是在身体与心灵的结合中。心灵并不是所有能力的主体……没有身体,心灵就什么也感知不到……心灵用身体感知某些事件,即这些事件存在于身体中,正如心灵感觉到伤口的疼痛等此类事件"①。也就是说,除了需要运用能理解、有意志的心灵,感知还需要两个条件:一个是身体,一个是客观对象,没有外在的客观实体,心灵就不会有任何获知。在这个意义上讲,身体本身就是认知得以发生的先决条件。

虽然胡塞尔最终没有摆脱先验自我对他的束缚,但是他对待身体的态度也完全不同于笛卡儿。胡塞尔已经注意到身体具有反省的能力。我们对于世界的了解首先来自我们身体的运动形式,"当身体去触知世界时,可见物、可触物的存在形式就以肉身的感知方式而为我们认识,即我们是以我们的肉身的感觉图示获得关于客体性质的知识的"②。身体在触摸之中认识了对象,分辨出对象的温度、冷硬和质地等性质,身体在感知。具身性思想已经模模糊糊地出现于胡塞尔思想的边缘。

在具身思想的产生中,海德格尔是一个关键的中间环节。虽然,海德格尔并没有讨论身体,但是,在他那里,此在所获得的世界却是由此在的存在所打开的,具身性由此表现出来。海德格尔针对传统认识论问题,即我们的心灵是如何真实地反映外在世界的,提出了一种主/客存在论,用关于我们是什么样的存在和我们的存在是如何与世界的可理解性相联系的存在论问题取代了关于认识者与被认识者关系的认识论问题。

"此在"这个词语是海德格尔特意创造的一个哲学术语,马尔霍尔认为:"海德格尔对此在的存在分析的其他部分,实际上是对它的核心意义的扩展,详细描述了'人是一个问题的存在者'这个在意向性方面没有任何争议的假定的最深刻的内涵。"③显然,海德格尔是要探讨此在的存在到底是什么,这已经吹响了批判传统认识论中的两种极端的号角,而此在的真实生存正是海德格尔的切入点。

海德格尔认为,"我们并不是以一种纯粹形式的意识状态在存在、在体验,而是每一个具体存在的人在'在世'存在中的诸种存在方式的一种概述。因

---

① Aquinas T, Theologica S [M]. Beijing: China Social Sciences Publishing House ChengCheng Brooks Ltd. 1971: 272-278.
② 燕燕. 梅洛-庞蒂具身性现象学研究 [D]. 吉林大学博士学位论文, 2011: 中文摘要.
③ S. 马尔霍尔. 海德格尔与《存在于时间》[M]. 亓校盛译. 桂林:广西师范大学出版社, 2007: 17.

此，海德格尔把胡塞尔的先验性下降到现实世界中活生生的此在。此在的知就不是在意识中构成的，而是此在在生存中的操劳实践。此在操劳着，此在就在知中"[1]。海德格尔在解释此在生存的不可完全明晰化的过程中，显露出其具身性思想。

但此在何以在世？存在的内在结构又来自哪里？这就是梅洛-庞蒂进一步开创的具身认知观。与机械生理学、经验主义心理学完全忽视身体的感觉认识的心理表征理论，传统哲学、生理学以及心理学把身体视为机械客观的物体不同，梅洛-庞蒂"就像是一个身体的卫道士"，他将身体视为"默会的我思""沉默的我思""无言的我思"，认为身体是在"沉默的表达对世界的理解""包含了词语第一次形成形式与意义的言语的世界"。身体作为沉默的意识，体现了最初的主体性，是言语出现的背景，而且这个背景是一切表达的先在条件。梅洛-庞蒂认为，身体的局限性并不是构成探索"实在世界"本质与真理的障碍，相反，它是我们透视物体、拥有一个世界的积极能力。"他把对身体的弱点的认知转变为对它的基本的、不可缺少的力量的分析"[2]，认为身体的局限习惯对于我们体验这个世界是可用的真实。世界并不是经验论所刻画的实在，也不是唯理论所阐述的先验的复化，"被觉知物在本质上就是含糊的、变化的和由其背景决定的"。就像我们在 Muller-Lyer 实验中所产生的视觉错觉，图案不是变得不相同，而是成为含糊的不同。这是"因为身体物理-化学构造的物理性质阻止了身体如同一个精神，一个纯粹的思维全面审查物体以使它们完全透明地展现在这个精神面前，因为身体的本体论和认识论的局限性只能允许身体从不同的侧面透视物体，并在身体的体验中形成物体的统一性。于是，身体的体验性质就构成了物体的外观、世界的外观，物体才能在意识面前保持它的超验性而这个世界才不会成为虚无。身体的秘密就在于它能感知、能体验，并将意识体验的结果回到自身"[3]。从而，梅洛-庞蒂将具身性思想从知觉意识层面拓展到理智意识层面，身体开始获得主体的地位，身体通过身体图示获得了抽象思维、文化领域方面的意义，包括"身体为我们提供'拥有'世界的一般方式"，"身体利用这些最初的行为，经过行为的本义到达行为的转义，并通过行为来表示新的意义核心"；"被指向的意义可能不是通过身体的自然手段联系起来的，所以，应当制作一件工具，在工具的周围投射一个文化世界。"[4]

---

[1] 燕燕. 梅洛-庞蒂具身性现象学研究 [D]. 吉林大学博士学位论文，2011：中文摘要.
[2] Shusterman R. Body Consciousness [M]. Cambridge, Cambridge University Press, 2008：51.
[3] 燕燕. 梅洛-庞蒂具身性现象学研究 [D]. 吉林大学博士学位论文，2011：138.
[4] 梅洛-庞蒂. 知觉现象学 [M]. 姜志辉译. 北京：商务印书馆，2001：194.

梅洛-庞蒂发现了身体与心智间本质性的关联,"我们重新学会了感知我们的身体,我们在客观的和与身体相去甚远的知识中重新发现了另一种我们关于身体的知识,因为身体始终和我们在一起,因为我们就是身体。应该以同样的方式唤起向我们呈现的世界的体验,因为我们通过我们的身体在世界上存在,因为我们用我们的身体感知世界。但是,当我们以这种方式重新与身体和世界建立联系时,我们将重新发现我们自己,因为如果我们用我们的身体感知,那么身体就是一个自然的我和知觉的主体"①。

可以看出,从胡塞尔、海德格尔到梅洛-庞蒂,先验性一直在沉降,从超验意识到先验性的此在,再到以它的身体在世。"身体已经不是传统哲学和传统生理学意义上的作为客体的实体,而是能知的、可塑的情绪化的活生生的身体。"② 简言之,纯粹形式的先验性来自身体本身,更准确地说,来自肉身。"这个肉身是可以感知、能够感知的。肉身不再是一团物质性的肉,而是有着它的思想、它的经验的纯粹性。"③ 因此,认识某物实际上是身体在感知、身体在知道。同时,身体的感知是自反的、可逆的。因为身体会把这种感知,以纯粹的形式积淀成为肉身的经验与历史。

在认识论上,梅洛-庞蒂反对二元论中的任何一极,并借助心身据以纽结的知觉来解决认识论中唯理论与经验论中的悖论。他提出,"我们不能把传统上的形式与物质的区分应用于知觉,也不能把知觉的主体构想为依据其观念规则'解释''破译'或'规整'可感物质的意识。物质'孕育着'其形式,也就是说,归根结底,一切知觉都在某一视域并最终在'世界'中发生。我们'在活动中'经历着知觉和它的视域,而不是通过'摆置'它们或明确地'知道'它们。在知觉和世界之间可以说是有机的关系中,原则上包含着内在性和超越性之间的矛盾"④,因此,真正的知觉发生于两者之间的交织过程,即我们首先是已经活动在世界中,我思不是绝对先验的全能、全知,也不是物质世界给我的刺激而产生的反应,我的反应不是被动式的全盘接受,而是我们与世界处于一种暧昧、含混的状态,我们通过身体与世界彼此纠结在一起。

当然,梅洛-庞蒂并不是要反对理性,试图用这种暧昧取消理性。他指出,"说知觉占据着首要地位时,当然我从来不是说(那就回到了经验论)科学、反思和哲学是转变的感觉或是延缓的、贪图享乐的价值。我们据此想要表明的是:

---

① 梅洛-庞蒂.知觉现象学[M].姜志辉译.北京:商务印书馆,1999:256.
② 燕燕.梅洛-庞蒂具身性现象学研究[D].吉林大学博士学位论文,2011:中文摘要.
③ 燕燕.梅洛-庞蒂具身性现象学研究[D].吉林大学博士学位论文,2011:中文摘要.
④ 李恒威."生活世界"复杂性及其认识动力模式[M].北京:中国社会科学出版社,2007:103.

知觉的经验使我们身临物、真和价值为我们建构的时刻；它为我们提供了一个最初状态的逻各斯；它摆脱一切教条主义，告诉我们什么是客观性的真正条件；它提醒我们什么是认知和行动的任务，这不是将人类的知识规约为感觉，而是亲临知识的诞生，使之同感性一样感性，并重新恢复合理性的意识"[1]。因此，梅洛-庞蒂表达了对确定性真理的反对，认为真理总是会经历视域的变迁，具有时间性，而身体则始终处于我们探索真理的开端。

细致地刻画认知发展动力学机制的学者非当代的心理学家皮亚杰莫属。皮亚杰的发生认识论对古典认识论的批判是开创性的，他认为人类的知识是生物有机体的一种生物适应形式。认识是一个有生物-心理基础的机构-建构过程。皮亚杰在对传统知识论进行批判的基础上，从认识的起源出发，通过由低到高的探索认识的形式，最终提出，"在与现实的相互作用的活动中，知识和智力是一个持续的、新的建构，知识不是预先形成的或决定的，而是一个连续的同化（assimilation）-顺应（accommodation）和结构-建构的动力过程，知识的客观性有其建构的历史"[2]。

皮亚杰所确定的认识的起点不是传统认识论意义上的主体和客体，而是主体与客体的分化出现之前的中介——活动，即作为身体本身与外界事物之间的接触点，他认为，"如果从一开始就既不存在一个认识论意义上的主体，也不存在作为客体而存在的客体，又不存在固定不变的中介物，那么，关于认识的头一个问题就将是关于这些中介物的建构问题：这些中介物从作为身体本身和外界事物之间的接触点开始，循着由外部和内部所给予的两个互相补充的方向发展，对主客体的任何妥当的详细说明正是依赖于中介物的这种双重的逐步建构"[3]。皮亚杰说，"我的核心思想始终是相互作用"[4]，"我觉得有必要给这样一个重要的看法以更为显著的地位，这个看法虽然已由我自己和我的同事们在这个领域里的工作得到证实，但是还太少受到注意，即认识既不能看作是在主体内部结构中预先决定了的——它们起因于有效的和不断的建构；也不能看作是在客体的预先存在着的特性中预先决定了的，因为客体只是通过这些内部结构的中介作用才被认识的，并且这些结构还通过把它们结合到更大的范围之中（即使仅仅把它们放在一个可能性的系统之内）而使它们丰富起来"[5]，"认识关系的

---

[1] 李恒威.《"生活世界"复杂性及其认识动力模式》[M].北京：中国社会科学出版社，2007：110.
[2] 李恒威.《"生活世界"复杂性及其认识动力模式》[M].北京：中国社会科学出版社，2007：158.
[3] 皮亚杰.发生认识论原理[M].王宪钿译.北京：商务印书馆，1997：17.
[4] 皮亚杰.生物学与认识[M].尚新建等译.北京：生活·读书·新知三联书店，1989：337.
[5] 皮亚杰.发生认识论原理[M].王宪钿译.北京：商务印书馆，1997：16.

建立，或更广泛地说，认识论关系的建立，既不是外物的一种简单复本，也不是主体内部预成结构的一种独自显现，而是主体和外部世界在连续不断的相互作用中逐渐构造起来的一些结构的集合"①。

皮亚杰进一步指出，主客体相互作用活动是以同化和顺应这一适应性的动力模式而形成和推进的：同化是认知结构保持守恒的方面，意指与先行结构整合，这种整合可以使先行结构保持不变；顺应是指有机体认知结构发生变化的方面，意指同化图示因其依附的环境影响而发生调节和变化。同化和顺应，一个维持一个改变，保证了认知结构的动态平衡，从此推动有机体智力地不断发展。博登曾经这样评价皮亚杰的"同化－顺应－平衡"的动力模式，他说，"各种发展过程（包括辩证思维方式在内）的核心可以被看成是不断达到平衡的过程。平衡是相反的两极——同化和顺应——相互作用的结果，在每一个发展中，三者均发生一定的作用。同化是已有结构对外来刺激或输入信息的加工改造过程，顺应是结构为了适应输入而积极改造自身的过程。平衡是一个相对稳定（但具有内在动力性的）状态，它可以接受并适应于各种输入而不发生重要变化。由于平衡既不可能是完全的，而不可能是永久的，所以，终会有某些输入超出原有结构所已经具有的同化和顺应能力。这时，如果主体对输入不是回避而是试图同化它，那么，就会导致结构的进一步发展并在高一级水平上达到平衡，这是一个更为根本的顺应形式"②。

皮亚杰对于认识的双向建构过程说明了人的这种反身抽象，即反思能力何以存在。皮亚杰认为，从主体与客体交互作用的活动出发，存在着一种与结构同化并顺应于外部世界的双重运动，即人类在认识客观世界的同时，也使自己的认知结构得到了深化、提升，从而最终获得反身性的反思自身的认识。这种双向构建的动力过程是认识发展的根本动力。

第二节　认知复杂性与确定性原则

一、确定性原则的困境

在西方思想的发展史中，一直以来都贯穿着一种矛盾：一方面，自然被

---

① 皮亚杰，左任侠，李其维.皮亚杰发生认识论文选［C］.上海：华东师范大学出版社，1991：2.
② 博登.皮亚杰［M］.谢小庆，王丽译.北京：法律出版社，1992：6.

认为是可理解的，物质世界受其本身的自然法则支配，人类可以理解自然；另一方面，物质世界在其发生、发展过程是自我封闭的。那么在这种确定性的物质世界中，人还能如其所宣称的那样掌握自己的命运，相信自己所拥有的自由吗？事实上，这种哲学追问可以追溯到古希腊文明，它是古希腊哲学为我们留下的宝贵思想遗产。古希腊哲学家伊壁鸠鲁首先阐述了这个根本性的难题。伊壁鸠鲁赞成德谟克利特的原子论，他在赞成世界的本质是原子这个命题之后，进一步追问，新奇性是如何从原子的组合中产生的呢？在确定性的原子世界里，人类自由的含义又是什么？伊壁鸠鲁论述到，"我们的意志是自主和独立的，我们可以赞扬它或指责它。因此，我们保持我们的自由，保持对神的信仰比成为物理学家命运的奴隶更好。前者给予我们通过预言和牺牲以赢得神的仁慈的希望；后者相反，它带来一种不可抗拒的必然性"[1]。

这种二元论始终困扰着西方哲学界。尤其是随着近代牛顿物理学体系的建立，科学世界与人类自由之间的矛盾更加加剧了。难怪法国哲学家瓦尔（Jean Wahl）指出，"西方哲学史总的来说是一个不愉快的历史，其特征是，在作为自动机的世界与上帝主宰的神学之间不断的摇摆。而这两者都是确定性形式的"[2]。

一方面，随着近现代科学的发展，科学家们所发现的自然法则为我们建立了一个确定性的世界。"就牛顿的力和加速度关系定律而言，这一定律是确定的，也是时间可逆的。一旦知道了初始条件，我们既可以推算出所有的后续状态，也可以推演出先前的状态。而且，过去和未来扮演着相同的角色，因为事物在时间 t 到 $-t$ 反演下具有不变性。"[3]这导致了自然法则为何具有如此的确定性的反思，导致了"拉普拉斯妖"的出现。"拉普拉斯妖"是拉普拉斯在其概率论中提出的，拉普拉斯坚信决定论，"我们可以把宇宙现在的状态视为其过去的果以及未来的因。如果一个智能知道某一刻所有自然运动的力和所有自然构成的物件的位置，假如他也能够对这些数据进行分析，那宇宙里最大的物体到最小的粒子的运动都会包含在一条简单公式中。对于智者来说没有事物会是含糊的，而未来只会像过去般出现在他面前"[4]。这个智者就是"拉普拉斯妖"。

这种自然法则告诉我们，一旦初始条件给定了，一切都是确定的。正是因

---

[1] 伊利亚·普利戈金.确定性的终结——时间、混沌与新自然法则[M].湛敏译.上海：上海世纪出版集团，2009：7.
[2] 伊利亚·普利戈金.确定性的终结——时间、混沌与新自然法则[M].湛敏译.上海：上海世纪出版集团，2009：10.
[3] 伊利亚·普利戈金.确定性的终结——时间、混沌与新自然法则[M].湛敏译.上海：上海世纪出版集团，2009：9.
[4] P. S. 拉普拉斯.关于概率的哲学随笔[M].龚光鲁，钱敏平译.北京：高等教育出版社，2013：2.

为这个自然观的影响,许多历史学家认为,在17、18世纪,上帝被视为一种全能的立法者而出现,许多哲学家和科学家都赞同唯心论,都寄希望于上帝以解释自然世界保持其自身规律性的原因。莱布尼茨的话极具代表性,"对一点点物质,如上帝之目那样尖锐的眼睛可以洞察宇宙中事物的整个过程,包括那些现存的、过去的和未来将发生的"[1]。

即使在20世纪牛顿定律被量子力学和相对论所取代,其基本方程式薛定谔方程同样也具有确定性和时间可逆性。相对论之父爱因斯坦也曾明确表示了对科学中确定性的信仰,维护包括人类在内的自然的统一,"如果月亮在其环绕地球运行的永恒运动中被赋予自我意识,它就会完全确信,它是按照自己的决定在其轨道上一直运行下去。这样,会有一个具有更高的洞察力和更完备智力的存在物,注视着人和人的所作所为,嘲笑人以为他按照自己的自由意志而行动的错觉。这就是我的信条,尽管我非常清楚它不完全是可论证的。如果有人想到了最后一个精确知道和了解的结论,只要其自爱不进行干扰,几乎没有任何人类个体能够不受那种观点的影响。人防止自己被认为是宇宙过程中的一个无能为力的客体,但发生的合法性,例如它在无机界中多多少少所展露出来的,会停止在我们大脑的互动中起作用吗"[2]?

目前,对于意识的神经相关物的研究,也再次将人的自由意志排斥于物理世界之外。心理学家李贝特对心智事件进行计时,并与物理事件、准备电位的开始时间作比较。他的实验结果显示,脑神经元中准备电位的开始至少先于有意识的决定半秒,而且通常会更久。这表明脑的动作先于心智的决定,与我们根深蒂固的心智做选择而脑行为的直觉完全相反。神经科学家科赫(Kristof Koch)对此做出的神经生理学推测是,"在脑的地穴的某个地位,可能是基底神经节,靠近突触前膜的少许钙离子簇,一个单个的突触囊泡被释放,一个阈值被达到,从而一个动作电位诞生了。这个单独的脉冲倾泻而出加入到前运动皮层的峰值流中。前运动皮层收到这个信号后,将该信号通知运动皮层及其椎体细胞,椎体细胞再将具体指令发送到脊髓和肌肉。所有这些都是前认知的发生的。接着,调节自主感(sense of agency)的皮层结构上线了,它产生'我刚决定运动'的有意识感受。肌肉运动的计时与对肌肉施加意志的感觉几乎同时发

---

[1] 伊利亚·普利戈金.确定性的终结——时间、混沌与新自然法则[M].湛敏译.上海:上海世纪出版集团,2009:9-10.
[2] 伊利亚·普利戈金.确定性的终结——时间、混沌与新自然法则[M].湛敏译.上海:上海世纪出版集团,2009:10.

生，但实际的运动决定比觉知出现得更早"①。

另一方面，一直都有学者反对以确定性的物理学观点以及以确定性为中心的哲学观点，这种反对确定性观点的力量最终在哲学中导致了一场巨大的冲突。西方哲学史中最伟大的哲学家、思想家们，如康德、胡塞尔及海德格尔等都深深地感受到，有责任在科学所产生的异化世界中为人类的存在找到合理的出路。如果科学无法解释人的经验，只能将其放逐在科学的外围，那么科学的意义是什么？是要否定人的经验吗？如果人的经验没有意义，那为什么人的经验会作为一种现象存在？难道是因为它侥幸的逃脱了严苛的优胜劣汰的自然法则吗？

卢克莱修在阐述和继承伊壁鸠鲁的哲学观点时，对伊壁鸠鲁提出的二难推理困境提出了这样的解决方法，他指出，"当一些物体因它们自身的重量而通过虚空直线下落时，在十分不确定的时间和不确定的地点，它们就会稍稍偏离其轨道，称之为改变了方向是恰如其分的"②。当然，卢克莱修还没有任何理论或机制来解释这种"不确定"。

的确，对于科学家而言，解释了物质世界的规律就已足够了。但是，对于哲学家而言，这显然是不够的，对于人类本质的终极追问，始终是哲学家的永恒使命。

波普尔认为，"常识倾向于认为每一事件总是由先在的某些事件所引起的，所以每个事件是可以解释或预言的……常识有赋予成熟而心智健全的人……在两种可能的行为之间自由选择的能力"③。对于这种决定论的二难推理，波普尔认为其根源正是在于，"拉普拉斯决定论似乎是由物理学中自明的确定论理论及它们那令人难以置信的成功所巩固的，它是我们认识和确证人的自由本性、创造性和责任中最顽固、最严重的困难"④。在波普尔看来，证明人的本质需要的是一种非决定论，但是在物理自然法则所确立的决定论之外我们似乎无能为力。决定论有其精确的定义，可以被数学化的表达，其数学的形式体系最符合形而上逻辑。我们有什么强有力的证据反对，哪怕是一点点的偏离于这种决定论？

海德格尔给出的药方是反思存在本身，他在对西方哲学史的系统阐述中认

---

① Koch C. Consciousness—Confessions of a Romantic Reductionist [M]. Cambridge：The MIT Press，2012：105-106.
② 伊利亚·普利戈金. 确定性的终结——时间、混沌与新自然法则 [M]. 湛敏译. 上海：上海世纪出版集团，2009：8.
③ 伊利亚·普利戈金. 确定性的终结——时间、混沌与新自然法则 [M]. 湛敏译. 上海：上海世纪出版集团，2009：1.
④ 伊利亚·普利戈金. 确定性的终结——时间、混沌与新自然法则 [M]. 湛敏译. 上海：上海世纪出版集团，2009：11.

为，至今所有的哲学蓝图，都是对世界的单向度的理解，这种单向度，他认为是所有形而上学的标志。这种形而上学的对世界的理解，在现代"技术"中达到了顶峰。海德格尔所谓的"技术"这个概念，不仅仅是被他理解成一种中性的用来达到目的的手段，更重要的是他认为，通过技术，我们对世界的理解也发生了变化。由于技术，我们从实用的角度，去看待地球。由于技术的全球性传播和毫无节制的对自然资源的利用，海德格尔在技术中看到了一种不可抗拒的危险。于是，海德格尔曾尝试引领哲学家脱离形而上学及知识论的问题而朝向本体论的问题。这就是存在的意义，并通过存在解决科学与人类经验的矛盾。但是海德格尔具有一种明显的反科学的态度。

的确，就当代科学技术如此深刻的渗透到我们生活的方方面面来看，不对科学进行哲学反思，那只是一种空洞的哲学论调。哲学家的使命就在于体察其所处时代的变迁，做出概念、理念的变革。

二、复杂性蕴含的非确定性原则

《美国科学人》(Scientific American)杂志曾于1994年10月推出了一期以"宇宙中的生命"为主题的期刊。讨论的主题是宇宙中的不稳定性、涨落现象及分叉。它指出，与不稳定性、涨落相关的演化过程出现我们生活的方方面面。因此，我们需要回答的问题是：这些演化模式是如何与物理基本定律相容的？对于这一问题，物理学家温伯格（Steven Weinberg）提出了在决定论之外存在着非决定论，"一方面，薛定谔方程以一种武断的确定论方法描述了任何系统的波函数如何随时间而变化；另一方面，相对不同的一个方面，当有人进行测量时，又有一组原则规定如何用波函数推算出各种可能结局的概率"[1]。

这意味着我们可以将人的心智纳入到自然法则之中吗？彭罗斯就持这样的观点，"正是我们目前缺乏对物理学基本定律的认识，妨碍了我们用物理学或逻辑学术语去掌握心智这一概念"[2]。的确，我们需要一种物理学基本定律的新表述，这种表述能够解释自然的演化，尤其是对心智状态进行的解释。

古典动力学是与牛顿物理学紧密相关的，它研究的是一种规则的变化，包含着确定性和时间可逆的观点。随着量子力学、相对论及热动力学的发展，现代动力学开始关注一些不规则的变化，混沌现象开始受到越来越多的重视，事

---

[1] Weinberg S. Life in the Universe [L]. Scientific American, 1994, (4): 44.
[2] Penrose R. The Emperor's New Mind [M]. Oxford: Oxford University Press, 1990: 4-5.

物发展的不确定原则开始被视为一种常态被科学家不断证明和揭示出来。

　　混沌是决定性动力学系统中出现的一种貌似随机的运动，其本质是系统的长期行为对初始条件的敏感性。系统对初值的敏感就如美国气象学家洛伦兹在分析蝴蝶效应时所说的，一只蝴蝶在巴西扇动翅膀，可能就会引起一场龙卷风。混沌理论为现代动力学确立的是一种非确定性的原则。也就是说，宇宙不再是如古典物理学所认为的那样，是一个可预测的、稳定的确定系统，而是一个不确定的系统。首先，它具有不稳定的非周期性。所谓非周期性是指当影响系统状态的变量没完全有规律地重复它的值时，就会发生非周期行为；所谓不稳定性是指行为本身不仅不重复自身，还可以连续显示系统受到的任何细微干扰所带来的影响。这样，它就不可能被准确地预测，对它的一系列测量法也是随机的。其次，它具有非线性的复杂性。线性方程是可解的，非线性方程是不可解的。比如说，摩擦由于引入非线性往往会增加问题的难度。如果没有摩擦，那么物体加速所需要的能量数可以用一个线性方程表示，即力等于质量乘以加速度。但是一旦考虑摩擦，问题就复杂了，因为根据物体运动速度的不同，所需的能量发生了变化。因此，非线性改变了一个系统内的确定原则，使我们很难预测出下一步将要发生的事。最后，混沌作为系统中的随机事件，仍然与有序相联系，混沌中有秩序，秩序中有混沌。

　　对于混沌与有序之间关系的一个著名的例子是生物学家罗伯特·梅依（Robert May）对鱼的数量进行的研究。他用来表示鱼的总数的数学模型方程式为 $X_{next}=rx(1-x)$，其中 X 代表目前这个地区鱼的总数。他发现当参数 r（增长率）为 2.7 时，鱼群的总数为 0.6292（图 5-1）。

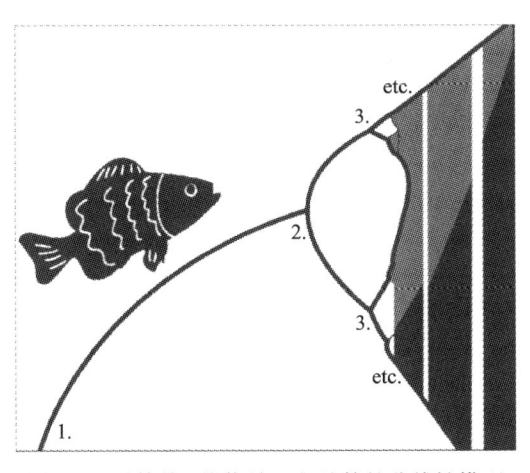

图 5-1　罗伯特·梅依关于鱼总数的非线性模型

可以看出，随着参数的增长，鱼群总数量也持续上升，表现为图中由左向右缓缓上升的曲线；但参数达到3后，这条线突然一分为二，出现了两个群体总数，这种分叉意味着鱼群总数从一个周期变为两个周期；随着参数值进一步增大，表示群体总数的点一倍接一倍地不断增加。这种行为十分复杂，但却很有规律。超过某一点后，图表则完全混乱，图中所有的区域被完全涂黑。但是在混沌之中，随着参数的增大，稳定的循环又重新出现了。[①]

其实，关于有序、无序和混沌的思想自古有之。中国古代关于盘古开天地的传说，就表达了这样一种有序从无序中演化的思想：宇宙洪荒，一片混沌，盘古将天地分开，从此有了天地玄黄。天和地从混沌无序中演化而来，它们的分离是彼此调和，达到平衡态的结果。无独有偶，古希腊关于宇宙起源的诗也认为，万物之前先有混沌，然后才产生大地和一切稳定的事物，这表明古希腊人也接受秩序来自无序的观点。

当然，这只是一种假想。但是，当代科学家提供的研究表明，近代动力学理论在概率的帮助下完全可以为新奇性和创造性在自然法则中找到位置。我们的真实世界在所有层次上都存在涨落、分叉和不稳定现象，不是一个静止的、被决定的世界。正如庞加莱所言，"这些定律只有一个特性，那就是所有概率都存在一个共同属性。但一方面，在确定性假设方面仅有一个单一的概率，并且，这些定律不再有任何意义；另一方面，在非确定性假设方面那些定律也会有含义，即使它们在某种绝对意义上才被使用。它们作为一种施加于自由之上的限制出现"[②]。

显然，这种非确定性原则对于我们认识世界以及人类自身具有根本性的启示意义。首先，它揭示了简单性与复杂性、规律性与随机性之间的微妙关系，从而将人们的日常经验与科学规律联系起来。其次，它为我们展示了一个确定的、遵循基本物理法则的世界，同时又是一个无序的、复杂的和不可预知的世界。最后，就可预见性而言，它本身是自然现象的一种非常态，它只存在于科学家剔除了复杂世界中大量存在的多样性的有限范围内。在复杂性层面上，我们对于未来的理解和预测都有先天的局限。

---

① 扎奥丁·萨德尔，艾沃纳·艾布拉姆斯.视读混沌学[M].孙文龙译，田德蓓审译.合肥：安徽文艺出版社，2009：16.
② 伊利亚·普利戈金.确定性的终结——时间、混沌与新自然法则[M].湛敏译.上海：上海世纪出版集团，2009：43.

第三节 对人与自然认识关系的启示

哥德尔定理表明世界的复杂性并不是一个纯粹认知或理论的问题，而是复杂性本身就是我们与世界之间生存关系的表现方式。"哥德尔因此证明，数学世界比数学语言复杂（因此更强）。语言本身又是比思想更精确，但同时又更弱，因为语言的句法并不允许重建所有可想象的模型。在语言内以及通过语言可证明的，比人的思想能力所及的更少，而且，也比世界上可能有的要少（更弱）。"[①] 也就是说，哥德尔定理表明：即使是对纯数学内的事实，演绎逻辑方法也并非完全适用，它无法描述、证明数学领域内的所有事实。演绎逻辑方法无法贯彻于所有的数学命题之中，始终存在着无法被证明的真命题。

这对于认识论的启示就在于：我们不能指望随着方法论的完备，复杂性终将消失，我们从此可以获得一个理论上一致且完备的知识系统。获得一个一致、确定和完备的知识体系一直就是哲学家对于认识论的追求，在这个知识体系中，思想可以穷尽物理世界的变化多端，以至于世界的复杂性可以在人的思维中被完全重构或复现，世界的复杂性可以被确定在一套理论规范系统之中。例如，物理世界处于规范的自然法则中，数学等抽象概念处于逻辑系统中，人类的行为、价值则处于规范的法律、伦理或道德系统中。

那么，当人类在直面复杂性事实时，当意识到并没有完整而一致的确定性时，我们又应当怎么理解我们与世界的关系呢？下面本文将通过介绍当代哲学家尼古拉斯·雷舍尔（Nicholas Rescher）的复杂性思想，分别从自然的复杂性和人类认知的复杂性两个方面来阐述人与自然的认识关系。

尼古拉斯·雷舍尔是美国当代著名的哲学家，匹兹堡大学的哲学教授、科学哲学中心主席。雷舍尔对哲学的许多领域都有很深入的研究，著作颇丰，已有上百部作品出版。《复杂性：一种哲学概观》（*Complexity: A Philosophical Overview*）是其于1998年出版的系统论述其复杂性哲学思想的书。该书的主要思想在于探索复杂性的本性，思考复杂性对我们世界的影响和意义，以及我们如何在复杂性内管理我们的事务。雷舍尔认为，对复杂性的认知管理和事件管理，是挑战全球的主题，哲学家应该为解决这些在现代世界里由复杂性的爆发而引发的各个难题做出更多的贡献。本书认为，尽管雷舍尔对复杂性的论述主

[①] 卡斯蒂，德波利. 逻辑人生——哥德尔传 [M]. 刘晓力，叶闯译. 上海：上海科学技术出版社，2002：56.

要在于启示人类在一个社会的、技术的和认知的复杂环境中进行事物管理,但是其对于复杂性的说明也构成了认知范式向动力主义转变的认识论基础,尤其是当代物理科学和计算理论虽然已经出现了许多关于复杂性的特定研究,但是从哲学上对复杂性现象进行全面分析的著作还没有,因此,雷舍尔关于复杂性思想的哲学阐述显得非常及时和重要。

一、自然的复杂性本质

雷舍尔从现象和规则两个方面论述了自然的复杂性本质。首先我们来看自然现象的复杂性。雷舍尔将其称为自然复杂性的规律——事物的描述无尽性。世界的描述复杂性是无界限的,关于实在的可清晰表达的各种描述性真理是无论如何也不会与真实事实的宽泛领域相匹配的,世界的各种具体有形细节的性质和特征没有极限。雷舍尔将其概括为"自然复杂性的规律"。

当代科学的发展,使得自然系统被区分为两种类型:线性系统和非线性系统。前者认为与事实细粒化的差异并不会对结果造成大的差异,它允许近似;后者却不允许任何差异,一个小的变更,甚至小到无法察觉的变更都可能导致巨大的差异。每一个细节都很重要,没有哪一个是可以被忽略或被认为是不相关的。

雷舍尔认为,对于任何自然系统而言,对其进行线性还是非线性的区分意义不大。因为任何事物都是参与者,所有事物都或多或少的被联结在一起,非线性系统要求被整体地和综合地研究,而任何可觉察范围里构成一个系统地各个子系统均为非线性的,从而使系统变得更加复杂。因此,非线性的复杂系统比线性的简化系统更具有本体论上的意义。反之,线性的简化系统成了一种方法论上的模型。假定我们面对的系统在认识上很容易处理,自然的复杂性使我们倾向于绕开复杂系统。事实上,方法论的简单化主义——简单性的假定——是一种重要的、常规的和正统合法的研究手段。但是,它仅仅是一种假定。这种假定的意义在于,"我们完全意识到,一个难以理解的世界的真实在这点上常常不能迎合我们,但常常很幸运占据主流。因为智力不可能在其一无所获和其效用被证明是失败的世界中涌现并找到其进化之路"[①]。

早在 20 世纪 30 年代,查尔斯·皮尔士(Chares S. Peirce)就十分重视自

---

① 尼古拉斯·雷舍尔. 复杂性——一种哲学概观 [M]. 吴彤译. 上海:上海世纪出版集团,2007:38.

然内在复杂性分岔增值的倾向，他提出，"进化这个词在最广泛的意义上意味着不是别的而是生长"，而生长也绝不仅仅意味着增加，而是一种多样化，这种多样化不应当如斯宾塞所认为的那样是一种从无组织到有组织的通路，多样化本身值得被更深入的思考，皮尔士反问："自然界中的东西表现了这种多样性增加吗？事情越简单，多样性就越少吗？从假定的太阳系的星云起源到它已经成长起来的多样性，比起土地上和海洋里充满了各种形式复杂解剖结构的动物和植物，以及更奇妙的经济系统的多样性，它的多样性要少吗？看上去，好像多样性是增加了，难道不是吗？"[1]

雷舍尔赞成这种复杂性的分岔增值，并将其命名为复杂性的自增强性（self-potentiating）。复杂系统由于该自增强性，会产生更深层的复杂结构。复杂性意味着，从现在到永远，实在比我们的科学所能描述、刻画的东西多得多。反之，这种复杂性的自增强会导致我们对世界的描述是无界限的。这一点完全可以从思想的演变过程中得出，概念一旦被确定，新的思想就会从对旧思想的重组过程中概括产生。这种重组过程一旦产生，就没有任何理论和理由证明它会停止。因为事物的真实描述性话语的数量——有关存在的具体元素，尤其是任何特定的物理客体——在理论上是无穷无尽的。也就是说，自然实体有无限的描述深度。自然复杂性的规律表明对任何具体特定事物所属的自然种类的数目没有任何限制。

其次，世界的规则同样是复杂的。我们认识世界各种事件结果的能力，是与我们掌握自然规律的技巧状态相互联系的。既然我们所处的世界是复杂性的世界，那么认识这个世界的规则必然也是复杂的。

当然，在规则复杂性的语境中，规则也会显示出其自身的复杂性。"在规律层级中，任何规律都潜在的是一个更广泛家族的一名成员，这个家族将自身表现为各种规律特征，从而服从于更高层次规律的综合。于是，我们也从支配现象的一阶规律领域转移到支配一阶规律的二阶规律领域，"[2] 规律也就不断地形成更为精致混杂和更为复杂的新层次。一方面，高层级模式并不必然地可以从低层级模式中推导出来；另一方面，较低层次的模式也丧失在较高层级的模式和复杂动力系统模型中。数学物理学家大卫·罗尔（David Ruelle）曾讲述的一个"小魔鬼的故事"就生动地阐述了规则的复杂性。这个故事的内容大致如下：有一个小魔鬼，或许他无事可做，于是决定某一天去干扰你的生活，他仅仅改

---

[1] 尼古拉斯·雷舍尔.复杂性——一种哲学概观[M].吴彤译.上海：上海世纪出版集团，2007：39.
[2] 尼古拉斯·雷舍尔.复杂性——一种哲学概观[M].吴彤译.上海：上海世纪出版集团，2007：55.

变了空气中某个电子的运动。一段时间后，你周围空气气流的结构发生了变化，几个星期后，变化所占的比例更大了，你遭遇了暴风雨，甚至可能在一起飞机失事中丧生。[①] 空气中电子的增减作为低层次的现象变化并不直接决定高层次的暴风雨现象的发生。它所表明的是完全不同的规则和规律能够在不同规律层级上涌现。即使我们知道某些现象的所有特性，我们也不能排除这些现象之间可能存在的彼此交互的模式。另外，我们还会面对规则性与随机性的混合，这更增加了自然的复杂性。

二、人类认知的复杂性

雷舍尔从认知描述的不完全性、不透明性以及知识的不稳定性三个方面来阐述人类认知的复杂性。首先，我们来看描述的不完全性。由于事物的实际具体细节总是比它们所展示的具有更多的性质，我们不可能建立一个完全的关于真实事物的详细事实清单。关于它们的描述知识总是不完全的。

描述的无穷尽性直接导致描述的不完全性。以石头为例，我们可以通过物理特征角度、化学特征角度、它的产生和历史演变角度，以及它的功能角度描述，如石匠、建造师、画家等从不同认知角度对其进行描述。我们对事物的思考角度是无穷无尽的，这意味着所有的认识论都是有局限性的。没有能组织起我们所有研究对象的单独的、唯一的方法，物理学、化学、生物学、经济学和神经科学等都具有不同的关注范围，没有一个包含所有事实的描述。

这对于我们的启示在于：对复杂世界的研究需要不同的学科，我们关于真实事物的描述因此可以变得更广泛，而不是变得更完全。真实事物超越了我们可能对其进行地任何特定描述，随着新领域的拓展，我们会不断增加对它的描述信息。但是，新的描述特征随着知识进程正在清晰起来，而不是减少了我们对事物的不确定性信息。复杂性不断增值，我们的知识也不断增值，但是这两者之间远远不可能一一匹配。

雷舍尔重点分析了真与事实之间的关系。一方面，就规范概念而言，一个"真"是语言学术语上被理解的东西，即它是以某种实际语言陈述而对事实的表征。任何在某种实际语言中正确的陈述形式为真。真必定在某种陈述中成立，不存在没有语言具象的真。另一方面，一个"事实"，根本上不是一个语言实

[①] 扎奥丁·萨德儿，艾沃纳·艾布拉姆斯. 视读混沌学 [M]. 孙文龙译，田德蓓审译. 合肥：安徽文艺出版社，2009：25.

体，而是一个实际事件的境况或状态，即世界上事物产生的条件。能够用某种可能性语言恰当刻画的事物构成了一个事实。"每一个真必定陈述一个事实，但它不仅可能而且甚至也是一种期待，即也是对无法在任何实际可利用的语言中陈述并因此无法捕获其真的事实的期待。事实提供了潜在的真，其实现取决于是否获得对事实形式化的适当的语言学机制。真只包括一种单参数可能化：它们包含所有可用某种语言普遍陈述的东西。而事实制造了双参数可能化：用某些可能的语言，能够被真实地表达和陈述。真与实际的语言相关，而事实与可能的语言相关。（因此，两者之间的差异必然导致），必然存在我们无法形式化为真的事实。"①

雷舍尔反驳了以下观点，即在原则上通过演绎的系统化，可能获得关于无限领域的潜在的或暗含的知识。支持该观点的理由是一个形式系统的有限公理系统也将产生无限多的定理。当我们改变明显的或外显的事实为隐性的或默认的事实断言时，我们借助于演绎系统化，在有限的显性语言学基础上以隐性的容量具有获得各种事情的无限多对应物的可能性。雷舍尔指出，可以从有限公理推导出来的演绎推理的全体本身总是可数的。只要隐性的可容量保持一种递归过程，就绝不能够超越可数的范围，也绝不可能包含对一个事物的各种描述事实的超可数系列的全体。

因此，我们绝不可能公正的、清晰明白地描述出一个真实事件的所有事实。刻画事物所涉及的领域不可避免地超越了我们表达该事物的能力极限，也超越了我们彻底探究并完全理解的能力。在我们无穷无尽探求对某个事物的具体特殊描述里，关于事物的描述实情总是超过我们以语言机制能明确捕捉到的事实。这足以说明，对于真实特定的事实，我们能够实际提供的描述从来都是不完全的。真实的详情注定超越我们描述的范畴。因此，我们完全有理由假定实在认识论是无穷尽的。无论描述被进行到何处，一个超越描述特征的基本预设——描述的不完全性，对于我们关于什么是真的具体对象的概念才是本质的。②

其次，描述无尽的动力学方面——知识的不稳定性。我们的实在概念是临时的和受制于变化的。关于自然的科学探究也是一个过程，其中不仅包括正在进行的增补也包括取代。这种动力学理论意味着自然的复杂性在认知上无穷无尽。

自然复杂性规律与描述的不完全性，使得我们当前对于某个事件的描述总

---
① 尼古拉斯·雷舍尔.复杂性——一种哲学概观[M].吴彤译.上海：上海世纪出版集团，2007：41.
② 尼古拉斯·雷舍尔.复杂性——一种哲学概观[M].吴彤译.上海：上海世纪出版集团，2007：46.

是从某个立场、角度或方面将其固定在一个给定的概念之上，从而形成一个完全成型或发展成熟的语言，但是实际生活中的语言绝不是完全成型的，其概念基础也绝不固定和给定。已有的概念在新视域的发展中会被再次的概念化。我们关于事物的概念也总是呈现出变动。

这也是自然复杂性规律之于认识论的必然结果。任何真实事物的特征之一就是其复杂性。我们无法穷尽任何事物的所有特征，总是存在我们不曾发现的事物的属性。我们无法知道某些真实事实的全部情况。这意味着我们关于事物的实在的描述是不完全的。

但是，人并不因为他描述了某个事物，就停止对该事物的描述，复杂性的实在所包含的其他描述在人的探索过程中会不断地呈现，从而使其获得更多的，但不是穷尽的描述。即使我们根据对事物的词汇描述会将事物视为是内在有穷的，但是由于描述工具的有限性，科学进步仍然会导致知识的改变。对于任何事物，我们都希望在科学发展的进展中，不断增加对其属性、性质、功能及起源等方面的理解，这种理解应当是不同于当下的知识的。"在科学探寻的过程中，对于世界中的真实事物，我们不仅期待学到有关事物的更多的知识，而且期待自己不得不改变对事物组成的性质和行为模式的认识。"[①]

雷舍尔认为，在对世界探索的过程中，至少要涉及两方面的动力学过程。一方面是认识客体的动力学变化。在经验探索的过程中，我们研究的现象越是复杂，我们就越是在逼近新奇性，即我们总是会面临新数据与我们现有理论相矛盾的情况，这个数据并不简单地与我们建立在先前可利用的观察基础上的那些范式相符合。因此，随着我们推动科学不断地超越先前可利用经验的极限，各种新奇性会不可避免地产生出来。另一方面是认识主体对于认识客体的认识论的动力学变化。公允地说，在科学探索中正在进行的信息增强过程是一个概念创新的过程，它总是使得整个事物的确定事实完全超越任何特定时间的探索者的认识范围。因此，从这个角度看，我们的常识观点——认为认识主体对于认识客体的知识论在增长，关于事物的信息是一个确定性增加、不确定性减少的过程——并没有抓住知识论的本质，其本质是知识论的不确定性、不稳定性是一个恒常事实，总是存在我们所不知道的关于事物的事实，我们不能在已有的对事物的概念、知识中去设想事物。当然这一点不同于神秘主义的悲观论调。雷舍尔只是想说明在本质上，在更宏观的模式上，人类对于世界的知识是不稳

---

① 尼古拉斯·雷舍尔. 复杂性——一种哲学概观[M]. 吴彤译. 上海：上海世纪出版集团，2007：47.

定的。

值得注意的是，雷舍尔关于自然复杂性规律所不断呈现的与之前不同的事物特征，不赞成用涌现这一术语进行描述，他认为涌现是针对语言机制而言的，他争论到，"涌现不是事物的特征，而是我们关于事物延展开来的信息。在哈维（Harvey）之前，血液循环在人体中就已存在；在贝克勒尔（Becquerel）之前，含铀物质就具有放射性。有争议的涌现是关于我们概念化的认知机制，而不是我们思考中的对象和本身的事物。真实世界的各种对象必定被真实地想象，正如它先行于任何认知的交互作用一样，因为存在仍在那里继续——胡塞尔把它表述为'先行给予'。认知变化或创新都是被概念化为某些发生在我们认知交易这边的事情，而不是发生在我们处理的对象那边的事情"。① 那么如何解释事物复杂性所不断呈现的属性呢？雷舍尔援引了莱布尼茨关于单子的观点，真实的存在总是包含在某种无尽的细节详述之中的。新的属性不是涌现，而是作为一种单子（the monad）而存在。这种思想也体现在科赫对于意识的科学探索之中，意识作为一种内在于复杂性本身的根本属性，并不是自组织的一种涌现属性。② 当然或者意识的现象属性有别于物理属性的复杂性，但是这种对复杂性的本质思考，即它是一种自组织的涌现属性还是一种单子，将会成为一个新的思考起点，启迪我们对其进行更深的探讨。

最后，实在的认知不透明性。即使一个世界的物理境况并不展示无尽的复杂性，它仍然可能造成一系列无限多样化的信息，更何况世界的实在是复杂性。这意味着实在必定与认知的不透明有关，我们不能透过它看到所有情形。

如前所述，雷舍尔认为，"任何探究的适当理论必须承认，在科学探究中正在进行的信息增强过程是一个概念创新过程，它总是使得整个事物的确定事实完全超越任何特定时期的探究者的认识范围。总是存在我们所不知道的关于事物的事实，因为我们不能在占主流的事物秩序内设想它们。未来抓住事实，就意味着要采用一种思考的角度，即认为我们身边并不持有关于事实的确定的和完整的观点，因为知识的状态尚未进步到能够理智地宣称具有终局和确定性。任何适当的世界必须承认，正在进行的科学探究过程是概念创新的过程，它总是超越这个世界已存在的各种事实，而这个世界的各种事物总体上是外在于特定时期的科学探询的认识范围的"③。

---

① 尼古拉斯·雷舍尔. 复杂性——一种哲学概观 [M]. 吴彤译. 上海：上海世纪出版集团，2007：48.
② Koch C. Consciousness：a Confession of Romantic Reductionism [M]. Cambridge：The MIT Press，2012：115-119.
③ 尼古拉斯·雷舍尔. 复杂性——一种哲学概观 [M]. 吴彤译. 上海：上海世纪出版集团，2007：50.

谈论认知的不透明性，必然涉及本体论与认识论之间的关系，涉及怀疑主义的论题。本体论针对的是事物的"所是"和"存在"，认识论针对的是我们对事物的知识的本性，或者针对我们关于事物的信念，即一个是与实在相关，另一个是与实在的观点相关。尽管本体论的客观性与认识论的客观性之间存在一个至关重要的事实，即我们对认识论客观性的追求是以本体客观性的承诺为基础的，它要求真实世界的实在独立于我们的认识。但是，这一事实远远没有说明两者之间错综复杂的关系。

首先，知识的发展过程本身就是无穷尽的。从理论上说，对于客观知识的探寻是一个无穷尽的过程。例如，从有限的若干公理出发，可以推导出潜在的无穷多的定理；从有限的若干数据出发，可以映射和析取潜在的无穷多项信息。对于真实存在的事物，对其的反映过程也是无穷的，可以探析它们的特征、它们的特征的特征，或者它们的关系、它们的关系中的关系等。思想本身就是一种扩展过程，通过抽象、反映和分析等方法。与物理的镜像反映可以彼此无穷的反射一样，精神智力也可以如此不停深入下去。给定任何一个起始点，思想都可以无限进步到一个概念化的新领域。

其次，知识都是处在一定的深度之中的，对于实际存在的物理客体的知识，我们不可能探究到底。世界的复杂性表明，一个事物的性质同样是无穷尽的，我们总是能够发现它们更多的性质。这不仅表现在我们能够学习到更多的关于事物的知识，还表现在我们会获得新的关于事物组成的性质和行为模式的认识，即我们能够以不同于之前我们所使用的方法获得解释事物的起源和性质的知识。

事实上，不仅在实践上，而且在原则上，一个事物的所有配置性质不可能完全表现。因为事物的各种配置性质只是事物在被现实的特定化前的各种选择项。例如，水，在不同的温度条件下，就具有以某种特定方式反应的倾向性质。任何一种条件的实现，它都会失去其他条件下它所可能展示的性质，也就是说，各种倾向多重共存的可能不能完全、同时实现。

再次，知识获取的方式——体验，也会导致知识的不透明性。"我们总是在事实导向的思想和论述的概念框架内进行关于事物标准的思考的，任何真实物理客体都比它在经验中实际表现的具有更多的方面。因为一个真实事物的每一个客观性质都有一系列倾向性特性，它们绝不是全然一目了然的，所以这些特定具体的事物不可避免的具有赋予它们以不能在经验范围内理解的无穷倾向，"[1]

---

[1] 尼古拉斯·雷舍尔.复杂性——一种哲学概观[M].吴彤译.上海：上海世纪出版集团，2007：51.

在特定现象经验中事物只显现该特定现象的特征，而其他的绝大多数特征并不会一并显现，"这个事实是，真实事物包括受自然规律支配的行为意味着，经验的限度排除了任何对真实事物的多样性描述的详尽显示其行为的期望。"[①]也就是说，我们所体验到的只是事物现实地所显现的属性，各种真实事物实际能显现的属性总是比它们可能表现出来的属性更多。我们看到的总是显现出来的冰山一角。所有真实事物总是超出我们对其所掌握的数据，也超出我们在物性中实际上可能获得的数据。我们永远不可能把真实的事物看透，在这一点上，我们的认知是不透明的，我们关于事物的知识只可能是被扩展了，而不是变得更完善。

综上所述，既然自然是无限复杂的，事物的性质和特征没有极限，事物不可能呈现其所有的性质；我们对于事物、自然规律的认识只能是冰山一角，事物的新特征、规律的运行特征都会不断地显现出来，因此我们对于事物的知识是不断发展的，进步的，这种进步不仅包括认知的发展，而且包括心智的变革。因此，我们不能保证能够把科学已达到的成就作为某种事物的终结和完成。我们在无限复杂世界中的认知形势施加给我们潜在无尽的认知任务——一个没有极限的任务。同时，我们的心智结构、认知能力反过来也会随着认知任务的扩展而修正、提高。

另外，雷舍尔的复杂性思想还有力地证明了实在论，即有力地预示了实在独立于心智。在认知发展中，心智不是创造了实在，而是模拟了实在。我们知识内在的和不可避免的不完整性意味着我们心智世界的极限，而不是这世界的极限，我们关于世界的知识是有限的，而实在超越了我们知道的、预测的界限。对于实在论我们并不反对，但是在认知科学、心智哲学发展的语境下，我们应当关注的是人的心智运作是如何与实在的世界发生关系的。认知主义也是一种实在论，传统的认知理论认为，"世界具有一种预先给予的特征集，这些特征是能够以'世界之镜'的形式被表征，对世界的理论首先表现为我们借助符号化的表征信息进行问题求解的过程；认知只是有机体在被动受限的环境中表现出的生存能力"[②]。所以关于实在论的观点，对于心智哲学而言，我们认为正如雷舍尔的自然复杂性规律一样，必然会呈现出另一种需要解决的特征，即解释认知如何发生、发展，人类是如何嵌入到这个实在的世界的。总之，复杂性既是认知动力主义对认知本质的揭示，也是认知动力主义模型的重要理论问题。

---

① 尼古拉斯·雷舍尔.复杂性——一种哲学概观[M].吴彤译.上海：上海世纪出版集团，2007：51.
② 刘晓力.交互隐喻与涉身哲学——认知科学新进路的哲学基础[J].哲学研究，2005，(10)：78.

结 束 语

认知科学是于20世纪50、60年代发端，70年代中期迅速兴起的一个交叉性、前沿性的综合学科。它囊括了心理科学、计算机科学、神经认知科学、语言学、文化人类学、哲学以及社会科学等诸多学科，其研究的内容和目的是人类认知和智力的本质及规律，具体包括知觉、注意、记忆、动作、语言、推理、思维、意识、情感和动机在内的各个层次的认知和智力活动。这三四十年来，认知科学领域的研究蓬勃发展，科研成果极其丰富，这也为认知哲学的兴起提供了极好的机会。认知科学的飞速发展不仅使得科学哲学发生了"认知转向"，使其开始从心理学和人工智能角度出发研究科学的发展，使得分析哲学从纯粹的语言和逻辑分析转向认知语言和认知逻辑的结构分析、符号操作及模型推理，使得心灵哲学从形而上的思辨演变为具体科学或认识论的研究，而且使传统心灵哲学中的重大问题，包括心－身问题、感受质问题、附随性理论、意识、表征及意向性等，都开始受到认知科学家的实证研究成果的影响、挑战，甚至是颠覆。[①]

动力系统认知理论就是在这种认知科学蓬勃发展的背景下产生的，是诸多认知科学理论中的一个。它之所以受到学界的极大关注，其中一个原因就是它对于传统哲学思想的颠覆性，同时它和其他理论又具有千丝万缕的关联，它既体现了现象学的具身观念，又体现出事物的整体属性（这种整体属性是通过涌现、突现来呈现的）。

从学界对于动力系统认知理论的态度来看，动力系统认知理论经历了从刚开始的因为该理论所产生的关于传统心灵－世界的观念、传统理性观等的修正

---

① 伯纳德·巴尔斯.意识的认知理论［M］.安晖译，魏屹东审校.北京：科学出版社，2013：丛书序.

而感到的狂喜，到现在开始理性的、客观的评价动力认知模型本身可能存在缺陷的转变。心身二元论造成了人被物理的自然世界放逐，甚至失去了物质的身体这个寄"心"之所，人的存在不断被科学所异化，人的现象变得难以理解。所以，学界急切地摆脱传统主客体之间的认知关系的心情是可以理解的。而且，动力系统认知理论最大的理论贡献在于拓展了认知的时间维度，使得我们对认知的理解不再局限于认知操作所呈现的最终结果，而是开始关注认知的发生、发展过程；并且从模型中践行了具身性现象学对于身体的形而上思考；以及运用涌现、突现属性解释了心灵对于身体的因果作用关系，这种从心灵到身体的下向因果关系既符合物理法则的封闭性，又符合人的直觉、常理，是目前关于心灵因果关系理论中一种最为合理的方案。

但问题是，动力系统认知理论在强调认知发生的过程中，认知者的身体、环境和行为之间的连续性、实时性交互作用时，是否能够解释人的思维，尤其是人的反思能力、反身抽象。也就是说，人在认识世界的同时，他自身的认知结构是如何得到提升，如何反思、反身解剖自己的认识，并给予专属于人的意识的、思想的、情感的、人际的和个性的各个领域。[①] 人与环境的动力交互机制如何能够说明人不是一个自动机，而是一个能"思"的有机体？

尽管自笛卡儿以来，西方哲学开始从本体论向认识论转向，但是人类对于自我本身意义上的哲学反思却不曾停歇。或许对于认知科学家而言，抽象地谈论人的本质是什么，心智的本质是什么毫无意义，他们想要解释的是心智的运行过程，科学是否可以模拟它。但是，对于科学的基本前提不断地进行追问，挖掘科学理论的哲学预设则是哲学的工作。因此，我们要追问动力系统认知理论在摒弃了表征之后，它对于认知的基本预设是什么？事实上，已经有学者提出了延展认知的观点。无可否认，从具身到嵌入，再到延展，它们的思想脉络异常清晰。如果你承认耦合机制，你就很难否定心智的延展性。本书认为这种理论的产生正是因为抛弃表征后，认知者与环境丧失了它们间基本的区分，从而面对泛灵论的根本困境。动力系统认知理论使得学界从关注认知的发展，最终又返回到对认知的本质、认知的边界的探讨之上。从学界对于动力系统认知理论研究的问题域的转移，我们相信，只要我们对于人的本质、心智的本质没有获得恰当的理解，认知科学仍会不断涌现新的研究范式，我们也期待认知科学、认知哲学的进一步发展。

---

① 李恒威."生活世界"的复杂性及其认知动力模式[M].北京：中国社会科学出版社，2007：182.

参考文献

阿伦森.2007.社会性动物［M］.邢占军译.上海：华东师范大学出版社.
埃德蒙德·胡塞尔.2009.内时间意识现象学［M］.倪梁康译.北京：商务印书馆.
埃尔温·薛定谔.2007.生命是什么［M］.罗来鸥，罗辽复译.长沙：湖南科学技术出版社.
埃文·汤普森.2013.生命中的心智：生命学、现象学和心智科学［M］.李恒威，李恒熙，徐燕译.杭州：浙江大学出版社.
埃扎瓦，亚当斯.2013.认知的世界［M］.黄侃译.杭州：浙江大学出版社.
安东尼奥·R.达马西奥.2010.笛卡儿的错误情绪、推理和人脑［M］.毛彩凤译.北京：教育科学出版社.
安东尼奥·R.达马西奥.2007.感受发生的一切：意识产生中的身体和情绪［M］.杨韶刚译.北京：教育科学出版社.
安东尼奥·R.达马西奥.2009.寻找艾宾浩莎——快乐、悲伤和感受着的脑［M］.孙延军译.北京：教育科学出版社.
安格斯·格拉特利，奥斯卡·扎拉特.2009.心智与大脑［M］.陈莹译.合肥：安徽文艺出版社.
巴尔斯.2012.认知、脑与意识：认知神经科学导论［M］.北京：科学出版社.
保罗·科布利，莉莎·詹茨.2007.视读符号学［M］.许磊译.合肥：安徽文艺出版社.
波爱修斯.2007.哲学的慰藉［M］.代国强译.南昌：江西人民出版社.
波普尔.2009.波普尔自传：无尽的探索［M］.赵月瑟译.北京：中央编译出版社.
伯纳德·J.巴尔斯.2014.意识的认知理论［M］.安晖译.北京：科学出版社.
伯特兰·罗素.2012.心的分析［M］.贾可春译.北京：商务印书馆.
布莱克莫尔·S.2007.意识新探［M］.薛贵译.北京：外语教学与研究出版社.
布鲁斯·贝塞特，拉尔夫·埃德尼.2007.视读相对论［M］.李芬译.合肥：安徽文艺出版社.
曹天元.2011.上帝掷骰子吗？——量子物理史话［M］.沈阳：辽宁教育出版社.

参考文献

查尔默斯.2007.科学究竟是什么[M].鲁旭东译.北京：商务印书馆.

陈波.2002.逻辑学是什么[M].北京：北京大学出版社.

陈嘉明.2006.现代性与后现代性十五讲[M].北京：北京大学出版社.

陈永明.2006.心智活动的探索[M].北京：北京师范大学出版社.

程伟礼.1987.灰箱：意识的结构与功能[M].北京：人民出版社.

大卫·珀皮诺,霍华德·赛利娜.2008.视读意识学[M].王黎译.合肥：安徽文艺出版社.

丹·克莱恩,沙罗恩·莎蒂尔,比尔·梅布林.2007.视读逻辑学[M].许田译.合肥：安徽文艺出版社.

丹尼尔·丹尼特.2008.意识的解释[M].苏德超,李涤非,陈虎平译.北京：北京理工大学出版社.

丹尼特.2010.心灵种种：对意识的探索[M].罗军译.上海：上海科学技术出版社.

德拉埃斯马.2011.怀旧制造厂：记忆、时间、变老[M].李炼译.广州：花城出版社.

德拉埃斯马.2009.记忆的隐喻：心灵的观念史[M].乔修峰译.广州：花城出版社.

邓晓芒.2007.古罗马哲学讲演录[M].北京：世界图书出版公司北京公司.

杜威·德拉埃斯马.2006.为什么随着年龄的增长时间过得越来越快——记忆如何塑造我们的过去[M].张朝霞译.济南：山东教育出版社.

范冬萍.2008.复杂系统的因果观和方法论——一种复杂整体论[J].哲学研究,(2)：90-97.

范冬萍.2010.复杂性科学哲学视野中的突现性[J].哲学研究,(11)：102-107.

范冬萍.2005.论突现性质的下向因果关系——回应Jaegwon Kim对下向因果关系的反驳[J].哲学研究,(7)：108-114.

弗朗西斯·克里克.2002.惊人的假说——灵魂的科学探索[M].汪云九,齐翔林,吴新年,等译.长沙：湖南科学技术出版社.

弗里德里希·克拉默.2010.混沌与秩序：生物系统的复杂结构[M].柯志阳,吴彤译.上海：上海科技教育出版社.

伽莫夫.2002.从一到无穷大：科学中的事实与臆测[M].暴永宁译.北京：科学出版社.

高新民,储昭华.2002.心灵哲学[M].北京：商务印书馆.

郭贵春,贺天平.2002.现代西方语用哲学研究[M].北京：科学出版社.

郭湛.2010.主体性哲学：人的存在及其意义[M].北京：中国人民大学出版社.

国家自然科学基金委员会,中国科学院.2011.未来10年中国科学发展战略·脑与认知科学[M].北京：科学出版社.

哈钦斯.2010.荒野中的认知[M].于小涵,严密译.杭州：浙江大学出版社.

海情.2010.哲学与主体的自我意识[M].北京：中国人民大学出版社.

贺天平, 郭贵春. 2008. 量子力学模态解释及其方法论：兼议语言分析方法在量子力学中的应用 [M]. 北京：科学出版社.

亨利·布莱顿, 霍华德·塞林那. 2007. 视度人工智能 [M]. 张继锦译. 合肥：安徽文艺出版社.

胡塞尔. 2004. 纯粹现象学通论：纯粹现象学和现象学的观念 [M]. 李幼蒸译. 北京：人民大学出版社.

吉尔伯特·赖尔. 2010. 心的概念 [M]. 徐大建译. 北京：商务印书馆.

杰拉尔德·埃德尔曼. 2012. 比天空更宽广 [M]. 唐璐译. 长沙：湖南科学技术出版社.

杰拉尔德·埃德尔曼. 2010. 第二自然——意识之谜 [M]. 唐璐译. 长沙：湖南科学技术出版社.

埃文斯·D. 2007. 解读感情 [M]. 石林译. 北京：外语教学与研究出版社.

金向阳. 2013. 你是你自己吗？意识模式转型与人的成长研究 [M]. 杭州：浙江大学出版社.

金岳霖. 1979. 逻辑形式 [M]. 北京：人民出版社.

诺瓦克·M·A. 2010. 进化动力学——探索生命的方程 [M]. 李镇清, 王世畅译. 北京：高等教育出版社.

卡尔·波普尔. 2004. 二十世纪的教训：波普尔访谈演讲录 [M]. 王凌霄译. 桂林：广西师范大学出版社.

卡尔·波普尔. 2007. 科学发现的逻辑 [M]. 查汝强, 邱仁宗, 万木春译. 杭州：中国美术学院出版社.

卡尔·波普尔. 2008. 实在论与科学的目标 [M]. 刘国柱译. 杭州：中国美术学院出版社.

卡罗尔. 2006. 语言心理学 [M]. 缪小春等译. 上海：华东师范大学出版社.

康德. 1988. 自然科学的形而上学基础 [M]. 邓晓芒译. 北京：生活·读书·新知三联书店.

科赫. 2012. 意识探秘：意识的神经生物学研究 [M]. 顾凡及, 侯晓迪译. 上海：上海科学技术出版社.

克劳斯·黑尔德. 2003. 世界现象学 [M]. 孙周兴编, 倪梁康等译. 北京：生活·读书·新知三联书店.

克里斯·加勒特, 扎奥丁·萨德尔. 2008. 视读后现代主义 [M]. 宋沈黎译. 合肥：安徽文艺出版社.

肯·威尔伯. 2011. 意识光谱 [M]. 杜伟华, 苏健译. 沈阳：万卷出版公司.

李恒威, 黄新华. 2006. 表征与认知发展 [J]. 中国社会科学, (2)：34-44.

李恒威. 2007. 生活世界复杂性及其认知动力模式 [M]. 北京：中国社会科学出版社.

李恒威, 盛晓明. 2006. 认知的具身化 [J]. 科学学研究, (2)：185-190.

李恒威, 肖家燕. 2006. 认知的具身观 [J]. 自然辩证法通讯, (1)：29-34.

李恒威. 2011. 意识：从自我到自我感 [M]. 杭州：浙江大学出版社.

里贝特.2013.心智时间：意识中的时间因素[M].李恒熙，李恒威，罗慧怡译.杭州：浙江大学出版社.

理查德·道金斯.2012.自私的基因[M].卢允中，张岱云，陆复加，等译.北京：中信出版社.

理查德·利基.2007.人类的起源[M].吴汝康，吴新智，林圣龙译.上海：上海科学技术出版社.

理查德·舒斯特曼.2011.身体意识与身体美学[M].程相占译.北京：商务印书馆出版.

林新浩.2011.哲学家们都干了些什么？[M].沈阳：辽宁教育出版社.

刘晓力.2003.计算主义质疑[J].哲学研究,(3)：88-94.

刘晓力.2005.交互隐喻与涉身哲学[J].哲学研究,(10)：73-80.

罗伯特·C.所罗门.2012.哲学导论[M].陈高华译.北京：世界图书出版公司北京公司.

罗姆·哈瑞.2006.认知科学哲学导论[M].魏屹东译.上海：上海科技教育出版社.

罗四维.2010.知计算理论[M].北京：科学出版社.

罗素.2007.西方哲学史[M].下卷.马元德译.北京：商务印书馆.

麦克儿·路克斯.2008.当代形而上学导论[M].朱新民译.上海：复旦大学出版社.

梅瑞·威·戴维斯，皮埃罗.2009.视读人类学[M].张丽红译.合肥：安徽文艺出版社.

孟伟.2007.Embodiment概念辨析[J].科学技术与辩证法,(1)：44-48.

孟伟.2009.交互心灵的构建——现象学与认知科学研究[M].北京：中国社会科学出版社.

莫里斯·梅洛-庞蒂.2010.行为的结构[M].杨大春，张尧均译.北京：商务印书馆.

尼古拉斯·雷舍尔.2007.复杂性——一种哲学概观[M].吴彤译.上海：科技教育出版社.

欧阳康.2005.当代英美著名哲学家学术自述[M].北京：人民出版社.

彭孟尧.2006.人心难测：心与认知的哲学问题[M].北京：生活·读书·新知三联书店.

斯特尔伯格·R.J.2006.认知心理学[M].第三版.陈燕，邹枝玲译.北京：中国轻工业出版社.

萨迦德.1999.认知科学导论[M].朱菁译.合肥：中国科学技术大学出版社.

萨特.2007.存在与虚无[M].陈宣良等译.北京：生活·读书·新知三联书店.

史密斯.2007.胡塞尔与《笛卡儿式的沉思》[M].赵玉兰译.桂林：广西师范大学出版社.

斯坦哈特.2009.隐喻的逻辑：可能世界的类比[M].黄华新，徐慈华译.杭州：浙江大学出版社.

宋晓兰，唐孝威.2012.心智游移[M].杭州：浙江大学出版社.

唐孝威，杜继曽，陈学群，等.2006.脑科学导论[M].杭州：浙江大学出版社.

唐孝威.2007.脑与心智[M].杭州：浙江大学出版社.

唐孝威，孙达，水仁德，等.2012.认知科学导论[M].杭州：浙江大学出版社.

唐孝威.2008.心智的无意识活动[M].杭州：浙江大学出版社.

唐孝威.2011.一般集成论：向脑学习[M].杭州：浙江大学出版社.

唐孝威.2004.意识论——意识问题的自然科学研究[M].北京：高等教育出版社.

唐孝威.2010.智能论：心智能力和行为能力的集成［M］.杭州：浙江大学出版社.

特拉斯克，比尔·梅布林.2008.视读语言学［M］.林椿萱译.合肥：安徽文艺出版社.

梯利.2004.西方哲学史［M］.葛力译.北京：商务印书馆.

童星.2007.现代性的图景［M］.北京：北京师范大学出版社.

托马斯·阿奎那.2013.亚里士多德十讲［M］.苏隆译.北京：中国言实出版社.

瓦雷拉，汤普森，罗施.2010.具身认知：认知科学和人类经验［M］.李恒熙，李恒威，王球，等译.杭州：浙江大学出版社.

王世强.2007.模型论基础［M］.北京：科学出版社.

王治河.2006.后现代哲学思潮研究［M］.北京：北京大学出版社.

威廉·卡尔文.2007.大脑如何思维：智力演化的今昔［M］.杨雄里，梁培基译.上海：上海科学技术出版社.

魏屹东等.2008.认知科学哲学问题研究［M］.北京：科学出版社.

魏屹东.2004.广义语境中的科学［M］.北京：科学出版社.

魏屹东.2009.语境论与科学哲学的重建［M］.上册.北京：北京师范大学出版社.

魏屹东.2009.语境论与科学哲学的重建［M］.下册.北京：北京师范大学出版社.

斯坦弗德·T，韦布·M.2007.心理和脑［M］.O'Reilly Taiwan 公司编译.北京：科学出版社.

弗里希·C.2011.心智的构建·脑如何创造我们的精神世界［M］.杨南昌等译.上海：华东师范大学出版社.

徐友渔.1994."哥白尼"式的革命［M］.上海：三联书店上海分店.

雅克·德里达.2001.声音与现象［M］.杜小真译.北京：商务印书馆.

亚·沃尔夫.1991.十八世纪科学、技术和哲学史［M］.周昌忠，苗以顺，毛荣运译.北京：新华书店.

伊利亚·普里戈金.2012.确定性的终结［M］.湛敏译.上海：上海科技教育出版社.

约翰·C.埃克尔斯.2007.脑的进化：自我意识的创生［M］.潘泓译.上海：上海科技教育出版社.

约翰·奥斯汀.2010.感觉与可读物［M］.陈嘉映译.北京：华夏出版社.

约翰·海尔.2005.当代心灵哲学导论［M］.高新民译.北京：中国人民大学出版社.

约翰·麦克克罗.2003.人脑中的风暴［M］.周继岚译.北京：生活·读书·新知三联书店.

约翰·塞尔.2009.意识的奥秘［M］.刘叶涛译.南京：南京大学出版社.

约翰·塞尔.2007.意向性：论心灵哲学［M］.刘叶涛译.上海：上海人民出版社.

约翰·赛尔.2008.心灵导论［M］.瑞英瑾译.上海：上海人民出版社.

泽农·W.派利夏恩.2007.计算与认知：认知科学的基础［M］.任晓明，王左立译.北京：中国人民大学出版社.

扎奥丁·萨德尔，艾布拉姆斯．2007．视读混沌学［M］．孙文龙译．合肥：安徽文艺出版社．

扎奥丁·萨德尔，博林·梵·隆．2007．视读科学［M］．余明明译．合肥：安徽文艺出版社．

扎奥丁·萨德尔，杰利·瑞维茨，博林·梵·隆．2007．视读数学［M］．李圆圆译．合肥：安徽文艺出版社．

扎克·林奇．2011．第四次革命看神经科技如何改变我们的未来［M］．暴永宁，王慧译．北京：科学出版社．

张学民．2007．实验心理学［M］．北京：北京师范大学出版社．

朱宝荣．2004．心理哲学［M］．上海：复旦大学出版社．

Adams F, Aizawa K. 2001. The bounds of cognition［J］. Philosophical Psychology, 14（1）43-64.

Adams F, Aizawa K. 2010. Defending the bounds of cognition［A］//Menary R. The Extended Mind［C］. Cambridge, Massachusetts: The MIT Press.

Agnati L F, et al. 2012. Neuronal correlates to consciousness. The "Hall of Mirrors" metaphor describing consciousness as an epiphenomenon of multiple dynamic mosaics of cortical functional modules［J］. Brain Research,（1476）: 3-21.

Aizawa K, Adams F. 2005. defending non-derived content［J］. Philosophical Psychology,（6）661-669.

Antony L. 1989. Anomalous monism and the problem of explanatory force［J］. The Philosophical Review,（2）153-187.

Aquinas T. 1971. Summa Theologica［M］. Beijing: China Social Sciences Publishing House ChengCheng Brooks Ltd.

Baars B J. 1988. A cognitive theory of consciousness［M］. Cambridge, UK: Cambridge University Press: 135-176.

Bechtel W. 1998. Representations and cognitive explanations: assessing the dynamicist's challenge in cognitive science［J］. Cognitive Science, 22（3）295-318.

Bedau M. 1997. Emergent models of supple dynamics in life and mind［J］. Brain and Cognition,（34）5-27.

Beer R. 1995. A dynamical systems perspective on agent-environment interaction［J］. Artificial Intelligence,（72）173-215.

Beer R·D. 2000. Dynamical approaches to cognitive science［J］. Trends in Cognitive Science, 4（3）27-65.

Blackmore S. 2003. Consciousness: An Introduction［M］. New York: Oxford University Press.

Boden M A. 2006. Mind as Machine: A History of Cognition Science [M]. Volume 1. New York: The Oxford Press.

Braddon-Mitchell D, Jachson F. 2007. The Philosophy of Mind and Cognition, Second Edition [M]. Hoboken: Blachwell Publishing.

Brooks R A. 1991. Intelligence without representation [J]. Artificial Intelligence, (47) 139-159.

Brooks R. 1991. Intelligence without representation [J]. Artificial Intelligence, (47) 139-159.

Brooks R. 1999. Cambrian Intelligence: The Early History of the New AI [M]. Cambidge: The MIT Press: 80-81.

Busemeyer J, Townsend J T. 1993. Decision field theory: a dynamic-cognitive approach to decision making in an uncertain environment [J]. Psychological Review, (100) 432-459.

Cark A, Chamers D J. 1998. The extended mind [J].(58) 10-23.

Carruthers P. 2004. Reductive explanation and the explanatory gap [J]. Canadian Journal of Philosophy, 34 (2) 153-173.

Casey M P. 1996. The dynamics of discrete-yime computation with application to recurrent neural networks and finite state machine extraction [J]. Neural Computation, 8 (6) 1135-1178.

Casti J L., de Werner P. Goder: A life of Logic [M]. New York: Basic Books, 2001.

Chemero A, Cordeiro W. 2000. Dynamical, ecological sub-persons: commentary on Susan hurlet's *Consciousness in Action* [EB/OL]. http://host.uniroma3.it/progetti/kant/field/hurleysymp_chemero_cordeiro.htm. 2013-10-30.

Chemero A. 2001. Dynamical explanation and mental representation [J]. Trends in Cognitive Science, 5 (4) 141-142.

Chemero A. 2009. Radical Embodied Cognitive Science [M]. Cambridge, Massachusetts: The MIT Press.

Chomsky N. 1980. Human language and other semiotic systems [A]//Sebeok T A, Umiker-Sebeok D J. Speking of Apes [C]. New York: Plenum Press.

Churchland P·S, Sejnowksi T J. 1992. The Computational Brain [M]. Cambridge: The MIT Press.

Clark A. 2008. Supersizing the Mind [M]. New York: Oxford University Press.

Clark A, Chalmers D. 1998. The extended mind [J]. Analysis, 58 (1) 7-19.

Clark A. 1989. Microcogintion: Philosophy, Cognitive Science, and Parallel Distributed Processing [M]. Cambridge, Massachusetts: The MIT Press.

Clark A. 1997. The dynamical challenge [J]. Cognitive Science, 21 (4) 461-481.

Clark A. 1998. Being There: Putting Brain, Body, and World Together Again [M]. Cambridge: MIT Press.

Clark A. 1998. Embodied, situated and distributed cognition [A] //Bechtel W, Graham G. Companion to Cognitive Science [C]. Oxford: Blackwell Publishers: 513-543.

Clark A. 1999. An embodied cognitive science？ [J]. Trends in Cognition Science, (3) 346.

Corcoran K J. 2001. Soul, Body, and Survival [C]. Ithaca: Cornell University Press.

Davidson D. 1963. Action, reasons and causes [J]. The Journal of Philosophy, (7) 685-700.

Davies P. 1988. The Birth of a New Physics [M]. Santa Barbara: Greenwood Press.

Davies P. 1988. The Cosmic Blueprint: New Discoveries in the Nature's Creative Ability to Order the Universe [M]. New York: Touchstone books.

Dennett D C. 1997. Darwin's Dangeous Idea: Evoluiton and the meanings of Life [M]. New York: The penguin Press.

Deutsch D. 1985. Quantum theory, the church-turing principle and universal quantum computer [J]. Proceedings of the RoyaL Society of London, (400) 97.

Diamond A, Prevor M B, Callendar G, Druin D P. 1997. Prefrontal cortex cognitive deficits in children treated early and continuously fpr PKU [J]. Monographs of the Society for Research in Child Development, (62) 1-207.

Dreyfus H, Harrison H. 1982. Husserl, Intentionality, and Cognitive Science [C]. Cambridge: The MIT Press.

Dreyfus H. 1997. From micro-worlds to knowledge representation: AI at an impasse [A] // Haugeland. Mind Design II: Philosophy, and Psychology, Artificial Intelligence [C]. Cambridge: The MIT Press: 162-190.

Edelman G·M. 1987. Neural Darwinism: The theory of neuronal group selection [M]. New York: Basic Books.

Eliasmith C. 1995. Minds as a Dynamical System, Master's Thesis [M]. Ontario: University of Waterloo.

Eliasmith C. 1996. The third conterder: a critical examination of the dynamicist theory of cognition [J]. Philosophical Psychology, 9 (4) 441-463.

Eliasmith C. 2001. Attractive and in-discrete [J]. Minds and Machines, (11) 417-426.

Eliasmith C. 2003. Moving beyond metaphors: understanding the mind for what it is [J]. The Journal of Philosophy, (10) 493-520.

Fodor J A, Pylyshyn Z W. 1988. Connectionism and cognitive architecture: a critical anaysis [J].

Cognition, (28) 3-71.

Fodor J A. 1978. Propositional attitudes [J]. The Monist: the Philosophy and Psychology of Cognition, 61 (4) 501-523.

Fodor J·A. 1980. Methodological solipsism considered as a research strategy for cognition psychology [J]. Behavioral and Brain Sciences, 3 (1) 63-73.

Freeman W J 2001. The behavior-cognition link is well done; the cognition-brain link needs more work' open peer commentary on: E. Thelen, G. Schöner, C. Scheier and L. B. Smith, 'The Dynamics of Embodiment: A Field Theory of Infant Persevertive Reaching [J]. Behavioral and Brain Sciences, (24): 1-86.

Gallagher S. 2001. The practice of mind: theory, simulation, or Primary interaction ? [J]. Journal of Consciousness Studies, (8): 83-107.

Gallagher S. 2005. How the Body Shapes the Mind [M]. Oxford, New York: Clarendon Press.

Gallagher S. 2007. Simulation trouble [J]. Social Neuroscience, (2): 353-365.

Gallgher S, Zahavi D. 2008. The Phenomenological Mind [M]. Abingdon, New York: Routledge.

Gelder T, Port R. 1998. Mind as Motion: explorations in the Dynamics of Cog-nition [C]. Cambridge: The MIT Press.

George L, Johnson M. 2003. Metaphors We Live By [M]. Chicago: University of Chicago Press.

Gillett C. 2002. Strong emergence as a defence of non-reductive physicalism: a physicalist metaphysics for "downward" determination [J]. Principia, (6): 89-120.

Gillett C. 2002. The dimensions of emergence: a critique of the standard view [J]. Analysis, (62): 322.

Globus G. 1992. Toward a noncomputational cognitive science [J]. Journal of Cognitive Neuroscience, (4): 299-310.

Goldman A. 2006. Simulating Minds: The Philosophy, Psychology, and Neuroscienec of Mindreading [M]. Oxford University Press.

Hadley R F. 2000. Cognition and the computational power of connectionist networks [J]. Connection Science, 12 (2): 95-110.

Harnish R M. 2002. Minds, Brains, Computers: a Historical Introduction to the Foundations of Cognitive Science [M]. Malden: Blackwell Publishers Inc.

Haugeland J. 1989. Having Thought: Essays in the Metaphysics of Mind [C]. Cambridge, Massachusetts: Harvard University Press.

Haugeland J. 1991. Representational genera [A] // Ramsey W. et al. Philosophy and Connectionist

Theory [C]. Erlbaum.

Hesse M. 1972. Models and analogies in science//Paul Edwards(eds.)The Encyclopedia of Philosophy [C]New York: Macmillan Publishing Co. , The Free Press: 354-359.

Holyoak K, Thagard P. 1995. Mental Leapas: Analogy in Creative Thought [M]Cambridge: The MIT Press.

Horgan T, Tienson J. 1992. Cognitive systems as dynamic systems [J]. Topoi, (11): 27-43.

Horgan T, Tienson J. A nonclassical framework for cognitive science [J]. Synthese, (101): 305-345.

Horgan T. 1997. Connectionism and the philosophical foundations of cognitive science [J]. Metaphilosophy, (28): 1-30.

Horgan T. Tienson J. 1996. Connectionism and the Philosophy of Psychology [M]. Cambridge: The MIT Press.

Hurley S L. 1998. Consciousness in Action [M]. London: Harvard University Press.

Hurley S, Chater N. 2005. Perspectives on Imitation: From Neuroscience to Social Science, Volume 1: Mechanisms of Imitation and Imitation in Animals [M]. Cambridge: The MIT Press.

Husserl E. 1989. Ideas Pertaining to A Pure Phenomenology And To A Phenomenological Philosophy (Second Book)[M]. Rojcewecz R, Schuwer A (trans.). Netherlands: Kluwer Academic Publishers.

Hutchins E. 1995. Cognition in the Wild [M]. Cambridge: The MIT Press.

Izhikevich E M. 2010. Dynamical System in Neuroscience: The Geometry of Excitability and Bursting [M]. Cambridge: The MIT Press.

James W. 2009. Psychology: The Briefer Course [M]. New York: Dover Publication.

Juarrero A. 1999. Dynamics in Action. Intentional Behavior as a Complex System [M]. Cambridge: The MIT Press.

Kelso J A S, DelColle J, Schpner G. 1990. Action-perception as a pattern formation process [A]// Jeannerod M. Attention and Performance XIII [C]. Hillsdale: Lawrence Erlbaum Associates: 139-169.

Kelso J A. S, Fuchs A. Self-organizing dynamics of brain: critical instabilities and Sil'nikov chaos [J]. Chaos: An interdisciplinary Journal of Nonlinear Science, 1994, 5(1): 64-69.

Kelso, J A S. 1995. Dynamic Patterns. The Self-Organization of Brain and Behavior [M]. Cambridge, London: The MIT Press.

Kim J. 1998. Mind in a Physical World: An Essay on the Mind-Body Problem and Mental Causation

[M]. Cambridge: The MIT Press.

Koch C. Consciousness—Confessions of a Romantic Reductionist [M]. Cambridge, Massachusetts: The MIT Press, 2012.

Lakoff G, Johnson M. 1999. Philosophy in the Flesh: The Embodied Mind and its Challenge to Western Thought [M]. New York: Basic Books.

Laplanche J. 1999. Essays on Otherness [C]. London: Routledge.

Laureys S, Tonini G. 2009. The Neurology of Conciousness: Cognitive Neuroscience and Neuropathology [M]. Cambridge, Massachusetts: Academic Press.

Leahey T. 1992. A History of Psychology [M]. 3rd ed. Englewood Cliffs: Prentice Hall.

Legrand D. 2007. Pre-reflective self-as-subject from experiential and empirical perspectives [J]. Consciousness & Cognition, (16): 583-589.

Libet B. 2004. Mind Time: The Temporal Factor on Conciousness [M]. Cambridge: Harvard University Press.

Luta A, Lachaux J P, Martinerie J, Varela F J. 2002. Guiding the study of brain dynamics by using first-person data: synchrony patterns correlate with ongoing conscious states during a simpie visual task [J]. Proceedings of the national Academy of Science USA, (99): 1586-1591.

Maass W., Sontag E. 1999. Analog neural nets with gaussian or other common noise distribution cannot recognize arbitary regular languages [J]. Neural Computation, (11): 771-782.

Malapi-Nelson A. 2011. dynamical systems theory in cognition: are we really gai-ning? [J]. Gnosis, 6(1): 1-23.

Malle B F, Moses L J, Baldwin D A. 2001. Intentions and Intentionality: Foundations of Social Cognition [C]. Cambridge, Massachusetts: The MIT Press.

Marbach E. 1993. Mental Representation and Consciousness: Toward a Phenimenological Theory of Representation and Reference [M]. Dordrecht, Boston: Kluwer Academic.

McLaughlin B. 1993. the connectionism/classicism battle to win souls [J]. Philosophical Studies, (71): 163-190.

Menary R. 2010. The Extended Mind [M]. Cambridge: The MIT Press.

Menary R. 2010. The holy grail of cognitivism: a reply to adams and aizawa [J]. Phenomenology and the Cognitive Sciences, 9 (4): 605-618.

Minky M. 1997. A Framework for representing knowledge [A]//Haugeland J. Mind Design II: Philosophy, Psychology, Artificial Intelligence [C]. Cambridge: The MIT Press, 1997: 111-137.

Munakata T. 1998. Fundamentals of the New Artificial Intelligence — Beyond Traditional Paradigms [M]. New York: Springer-Verlag.

Newell A, Simon H. 1976. Computer science as empirical enquiry: symbols and search [J]. Communications of the Association for Computing Machinery, (19): 113-126.

Newell A. 1980. physical symbol systems [J]. Cognitive Science, (4): 135-183.

Noë A. 2004. Action in Perception [M]. Cambridge: The MIT Press.

Oyama S. 1985. The Ontogeny of information [M]. Cambridge: Cambridge University Press.

Penrose R. The Emperor's New Mind [M]. Oxford: Oxford University Press.

Pollack J B. 1991. The intduction of dynamical recognizers [J]. Machine Learing, (7): 227-252.

Pylyshyn Z. 1984. Computation and Cognition [M]. Cambridge: The Bradford Books/The MIT Press.

Robert C, Dellarosa C D. 2000. Minds, Brains, and Computers: the Foundations of Cognitive Science [M]. Malden: Blackwell Publishers: 85-94.

Robert D. 2009. Rupert. Cognitive Systems and the Extended Mind [M]. Oxford, New York: Oxford University Press.

Rosenblatt E. 1958. The perceptron: a probabilistic model for information storage and organization in the brain [J]. Psychological Review, (63): 386-408.

Rosenblatt E. 1962. Principles of Neurodynamics [M]. Washington: Spartan Books.

Skarda C A, Freeman W J. 1987. How brains make chaos in order to make sense of the world [J]. Behavioral and Brain Sciences, (10): 161-195.

Smith P. 1998. Approximate truth and dynamical theories [J] British Journal for the Philosophy of Science, (49): 253-277.

Smolensky P. 1988. On the proper treatment of connectionism [J]. Behavioral and Brain Sciences, (11): 1-23.

Spaulding S. 2010. Embodied cognition and mindreading [J]. Mind&Language, 25 (1): 131.

Spivey M. 2007. The Continuity of Mind [M]. Oxford University Press.

Sebeok T A, D J Umiker-Sebeok. 1989. Speking of Apes [C]. New York: Plenum Press.

Thelen E, Schöner G, Scheier C, et al. 2001. The dynamics of embodiment: a field theory of infant perseverative reaching [J]. Behavioral & Brain Sciences, (24): 1-86.

Thelen E, Smith L B. 1994. A dynamic systems approach to the development of cognition and action [M]. Cambridge: The MIT Press.

Thelen E, Smith L B. 1996. A Dynamics System Approach to the Development of Cognition and Action [M]. Cambridge: The MIT Press: 338.

Thompson E, Varela F. 2001. Radical embodiment: Neural dynamics and conscious-ness [J]. Trends on Cognitive Sciences, (5): 418-425.

Thompson E. 2007. Mind in Life: Bilogy, Phenomenology, and the Sciences of Mind [M]. The Belknap Press of Harvard University Press.

Tschacher W, Haken H. 2007. Intentionality in non-equilibrium systems? The functional aspects of self-organized pattern formation [J]. New Ideas in Psychology, (25): 1-15.

Van de Laar T. 2006. Dynamical systems theory as an approach to mental causation [J]. Journal of General Philosophy of Science, (37): 307-332.

Van der Mass H L J. 1995. Beyond the metaphor? [J]. Cognitive Development, (10): 621-642.

Van Geert P. 1996. The dynamics of father brown: essay review of a dynamic systems approach to the development of cognition and action by E. Thelen and L. B. Smith [J]. Human Development, (39): 57-66.

Van Gelder T. 1991. Connectionism and dynamical explanation [A]//Kristian J.Hammond, Dedre Gentner (eds.) Proceedings of the Thirteenth Annual Conference of the Cognitive Science Society [R]. Hillsdale: L. Erlbaum Assoxiates: 499-503.

Van Gelder T. 1995. What might cognition be, if not computation? [J]. The Journal of Philosophy, 92 (7): 345-381.

Van Gelder T. 1995. What might cognition be, if not computation? [J]. Journal of Philosophy, (7): 345-381.

Van Gelder T. 1997. Connectionism, dynamics and the philosophy of mind [A]// Carrier M, Machamer P K. Mindscapes: Philosophy, science and the mind [C]. Pittsburgh: University of Pittsburgh Press: 245-269.

Van Gelder T. 1997. Dynamics and cognition [A]// Haugeland J. Mind design II [C]. Cabridge: The MIT Press.

Van Gelder T. 1998. The Dynamical Hypothesis in Cognitive Science [J]. Behavioral and Brain Science, (21): 615-665.

Van Leeuwen M. 2005. Questions for the dynamicist: the use of dynamical systems theory in the philosophy of cognition[J]. Minds & Machines, 15 (3-4):271-333.

Van Rooij I, Bongers R M, Haselager W F G. 2002. A non-representational approach to imagined action [J]. Cognitive Science, (26): 345-375.

Varela F J, Thompson E, Rosch E. 1991. The Embodied Mind: Cognitive Science and Human Experience [M]. Cambridge: The MIT Press: 134.

Velmans M. 2009. Understanding Consciousness [M]. 2nd Ed. New York: Routledge.

Weinberg S. 1994. Life in the universe [J]. Scientific American, (4): 44.

Wheeler M, Clark A. 2008. Culture, embodiment and genes: unravelling the triple helix [J]. Philosophical Transactions of the Royal Sciences B, (363): 3563-3575.

Wheeler M. 2005. Reconstructing the cognitive world [M]. Cambridge: The MIT Press.

Wheeler M. 2008. In defense of extended functionalism [A]//Menary R. The Extended Mind [C]. Cambridge: The MIT Press.

Wilson M. 2002. Six views of embodied cognition [J]. Psychonomic Bulletin & Review, 9 (4): 625-636.

Wilson R A. 2005. Collective memory, group minds, and the extended mind thesis [J]. Cognition Process, 6(4): 227-236.